岩波現代文庫／社会 314

ぼくたちはこうして学者になった

脳・チンパンジー・人間

松本 元
松沢哲郎

岩波書店

目　次

第1章　ぼくたちには同じ哲学がある

脳を知るためにコンピュータを作る

松沢　たぶん、この本を読む読者の皆さんとぼくは、ほぼ同じレベルで、松本先生のご研究をそんなによくは知らない人間だと思うのですが、現在ではどのようなことをなさっていらっしゃるのですか。

松本　脳の理解をめざした研究をしています。しかし、脳の分析的な研究によってのみで脳を理解しようというのではなく、脳型のコンピュータ、つまり、脳と同じように自動的にアルゴリズムを獲得するコンピュータ、言いかえると、プログラムを自動形成するコンピュータを研究開発することで、脳の理解をめざそうというわけです。このような研究を脳の構成的研究と言っています。

脳の研究は、医学者や動物学者の皆さんが主体的にされているわけですけれども、われわれは、理工学の研究アプローチから脳の理解に迫ろうということです。

なぜ脳の理解にこんな研究が必要かというと、鳥と飛行機の関係を考えると理解しやすいと思います。鳥がなぜ空を飛べるかということを理解しようとするとき、鳥を分析的に研究して、鳥が飛ぶメカニズムを追究していくのも一つのやり方です。これと同じアプローチが、基礎医学者、あるいは動物学者が脳を研究するやり方だと思います。しかし、一方では、鳥と同じように空を飛べる工学産物、すなわち飛行機を開発することで、空を飛ぶ原理を知ることもできるわけです。飛行機の研究開発がなかったら、なぜ空を飛べるかという原理的な発見はなかなかできなかったと思うのです。

脳の理解に関しても、脳がなぜこんなにも特殊な情報処理システムなのかは、生理学的な分析研究からだけではわからないだろうと思います。脳の働きを工学的に再構成するというわれわれの研究から、この特殊性の基になる原理が解明され、心の理解に関しても迫れる、と考えています。それは、心とは脳の働きが現象的に現れたものと考えると、脳の働きを再構成して作るという脳の構成的研究は、心という現象を創ることになるからです。

また、脳の構成的研究の立場から生きている脳を研究するとき、脳の研究手法に関しても、分析的な生理研究のやり方と違う手法を開発しました。これまでの分析的な生理研究では、脳内に一本の電極を刺入して、単一神経細胞の活動記録から仮説を検証するという手法が主流でした。われわれのばあいには、脳のなかで情報がどのように表現され処理されていくかというプロセスを、広域に測る必要があります。脳の多点から同時に実時間計測でき、脳活動の動画像的な情報を得る手法が必要であるので、このために光計測法の開発をおこなってきました。

このような脳研究を進めるなかで、ぼくは、松沢先生の研究と共通点も多く、いろいろ教えていただけるなと思っているのです。それは、松沢先生はチンパンジーというヒトに非常に近い霊長類の研究を、生理学とは違う視点からなされているからです。つまり、行動観察学的な立場から、学習を通して脳の発育と、その結果もたらされる学習効果をトータルな視点で見ておられます。われわれの脳研究の視点も、これに近い。脳型コンピュータを半導体チップで作っていますが、このコンピュータは学習によって、入ってきた事柄を処理するプログラムを自動獲得していくのです。結果として獲得したアルゴリズムがどういうものであれ、情報が処理されることになればそれでいい。どのようにして自動アルゴリズム獲得がなされるかの学習性と学習制御性、およびこれらのためのアーキテクチャ(構築)に、より強い関心があります。

今の脳の生理研究というのは、脳が獲得したアルゴリズムを分析的に調べる手法です。このことも大切な研究ですけれども、われわれの主眼は、いかにしてアルゴリズムを自動獲得するのか、脳がどのような戦略によってアルゴリズムを自動的に獲得するのかを解明することなのです。それで松沢先生のご研究に、注目しています。

神経細胞ではなく、個を理解したいから

松本　また松沢先生は、ヒトの側から見たとき、いわゆる頭のいいチンパンジーを育てておられる。それから人工的な環境のなかでの研究と、自然環境のなかでのフィールドワークを併用されていますよね。人工的な環境で得た研究成果とともに、実際の自然環境のなかではどういうふうにしているか、そういう対比のなかで研究されているということは、大変参考になります。学会は違っていますし、対象とする動物やアプローチも違っていますけれども、根底にある研究哲学は非常に近いのではないか、と思っているのです。

松沢　ぼく自身、松本先生のお仕事の一端をうかがったときに、神経細胞の振る舞いを研究するにあたって、神経細胞の主であるところの個というものの全体を大切に、ヤリイカを育てるところから研究をしたというようなことをかつて聞いて、へえ、そういう神経科学の方もいらっしゃるんだ、と感心したものです。個体というのは脳をただ運んでいる器、そういう考えの神経科学の研究姿勢が多いですから。サルの研究でいえば、サルがどこでどんなふうに暮らしてどんな仲間がいて、どんな物を食べて、どんなところで寝て、という彼らの生活の場というものはあまり知らないし興味も持たないままに、

のです。ちょうど子供がおもちゃの仕組みを分解して調べるように脳に向き合っている。そういう研究が多いのじゃないかなと思うなかで、単に器としてではなく、主人としての個体、あるいは個体の生活の場までを視野に入れて脳というものを研究をなさっているということで驚きもしたし、自分がおこなってきたチンパンジーの研究も、確かに論理的な構造として松本先生の研究アプローチとよく似ているなと思いました。

もちろん、そのレベルは違います。先生のばあいには脳という、個体の一部としての器官、極めて重要な特殊な器官としての脳の振る舞いを研究なさっている。ぼくはそれに対して、そういった器官が集まって構成されている個というものを研究している。「わたしはわたしである」という個体というものが、物理的にも精神の世界でも存在すると思います。ぼくが興味を持っているのは、脳そのものよりは、そうした個体そのものなのです。その個体の研究、特に知性の研究を、最近でいえばチンパンジーという、われわれに系統発生的にいちばん近い、けれども別の生き物でおこなっている。チンパンジーという個体のなかに、どういう精神世界があるのか、どんな認識が成り立っているのか、ぜひそれを知りたいと思って、図形の文字を教えたり、あるいはコンピュータを使った学習実験の場面で解析したりとしてきたわけです。

そして、そうすればするほど、チンパンジーは実際、どういう暮らしをアフリカでし

コンピュータのタッチパネルに向かって，色名を表わす漢字の勉強をしているアイ

ているのか、どういう森に住んでいるのか、どういう仲間関係があるのかということを自分の目で確かめたくなってきた。まあ、言ってみればフィールド主義とか現場主義ですか、あるいは研究者のタイプとしては体感派だと思うのです。自分の目で見て、自分の耳で聞いて、自分の手で触ってみないとなかなか納得できない。書斎派の人のように、本を読んで、あるいは他人から聞いてでは、どうしても納得できない。そういう性向があるのだと思うのです。

　そして一〇年前からアフリカに行くようになり、ほぼ毎年行っています。そこで野生のチンパンジーが、さっき先生は人工的な環境、自然環境という形でお分けになりましたが、人工的な環境で見ている知性というものが自然環境ではどんなふうに働くのかを研究しています。

　具体的にいうと、アイというチンパンジーが非常に賢くて、図形の文字をおぼえたり、数字をおぼえたり、アルファベットを使いこなしたりするわけです。そういう知性が、野生のチンパンジーでは実際にいろいろと複雑な道具を使ったり、地域ごとに異なる伝統のある道具を使ったり、それから挨拶の仕方が違ったり、人間関係も複雑ですけど、同じようにチンパンジーの社会関係も複雑で、そういったものにどんなふうに使われているかを自分の目で見て実感する。そういった研究をしていることになるのだと思います。

学習という戦略が脳を作っていく

松沢　ちょっと話を戻しますと、アルゴリズムを人が教えるのでなくて自分で発見生成していくような、そういった脳型コンピュータを作りたい、脳がやっているのと同じ働き、機能を持ったコンピュータをぜひ作りたいのだという趣旨は素人なりにわかります。

　先生の講演会でお話を聞いたり、著作などを拝見したりして非常に感銘を受けたことがあります。あれはたぶんネズミの海馬のスライス標本だと思うのですが、海馬という脳のなかの一つの組織のスライス標本を取ってきて、そこで神経細胞のリアルタイムの発火パターンを二次元的に光計測で測る。そういうところから、脳というグローバルな器官を、コンピュータのテクノロジーでいえば、ものすごくたくさんの超LSIでできたような組織に置き換えていく。確かに今の神経生理学などで、電極を刺入して一つの神経細胞のパターンを取っていた時代というのは、いわば超ＬＳＩの端子の一つにオシロスコープのプローブを入れていたという感じですよね。それが一点でなく一万六〇〇〇点とか。きっと技術は進んで、さらにその数は増えていっているのだと思うのですけど……。

松本　まだ一万六〇〇〇点です(笑)。

松沢　そうですか。一年、二年ではなかなか進まないですね。

　将来的にめざすのは、もっとたくさんの、あるいはスライス標本じゃなくて生体そのままの形での研究ですね。京大霊長類研究所にも神経科学の部門がありますが、そこでは生きたサルで、麻酔しない状態で自由に活動している脳から何とか電気的な活動を拾おうとしているわけです。そういった脳に対応する、脳型コンピュータというものを作り上げていくには、たぶんスケールでいうと、すごくまだステップがあるような感じがするのですけれども、具体的にはどういう方向へ進まれているのでしょうか。どういったことができると脳型コンピュータの実現へ向けて進んでいけるのか。逆にいうと、どういうことが解決されるべき問題としてあるのですか。

松本　脳はアルゴリズムの自動獲得システムです。脳に限らず、生物の情報システムは免疫も遺伝も同じです。ただ遺伝のばあいは、ＤＮＡの一次配列として情報が表現され、それが生体物質に変換されます。このとき、ＤＮＡが偶発的にコピーミスをして、それが表現されたとき、その間違えた結果が、環境との適合性が従来のものより向上していると、その誤ってコピーされたDNA配列が保存されて、それが階層的にずっと積み重なっていくので進化が起こる。進化の大きな要因は、あくまでもそういう偶然性なので一般的には効率がよくないわけです。

脳のばあいには、学習という戦略を遺伝的に獲得し、与えられています。だから、三五億年という非常に長い期間かかって自然が獲得した遺伝情報によって、脳は自動アルゴリズム獲得の戦略とその可能性を与えられています。その戦略によって、われわれは生まれてから環境のなかで、数十年という、遺伝情報が獲得した期間に比べるとかなり短い時間のなかで、脳を作っていくわけです。脳を作っていくということは、情報を処理するアルゴリズムを自動獲得し、このためのアーキテクチャを作っていく、ということです。

従って、脳を作る、ということから脳を理解するのにいちばん大切なことは、学習とは何かということを明らかにし、それがいかに自動獲得システムの戦略として働くか。この点が一つのポイントです。だから、そういう視点に絞って光計測システムを脳研究に用いています。脳の広域にわたっての活動だけでなく神経細胞についても多くの箇所から同時に活動を計測できるということは、われわれの立場からの脳研究を進める上で、特に重要なのです。

一個の神経細胞は単なるトランジスタではなくて、先ほど先生も言われたように、超ＬＳＩ的な非常に複雑なコンピュータシステムなわけです。だから、一個の細胞のなかに、いかにして学習というものの機構が備わっていて、それによって情報が入ってきたときに脳がいかに作られていくか。これらの解明に光計測システムは重要な道具なのです。

神経細胞は一万箇所程度の入力結合を持ち、一つの出力を出す超ＬＳＩマイクロコンピュータである、ということができます。神経細胞という素子がここでどのように学習をおこなって、入力結合の重み付けを変更するのかを実験的に明らかにするには、一個の神経細胞について、同時に一万箇所以上の局所位置からの活動を計測する必要があります。光計測システムはこのために非常に有用な手法なのです。

脳型コンピュータを開発するためにもう一つの重要なポイントは学習制御性です。脳がどういう情報を選んで、その情報のためのアルゴリズムを獲得していくかということの学習制御です。それの仕組みがどうなっているか。脳は自分が価値を認めた情報を処理するための認知情報処理回路を大脳の皮質に作っていく、と考えています。外界からの脳への入力情報は、まず間脳の視床に入力し、粗くその意味が得られて、入力情報に関する第一次の価値判定が扁桃体でなされます。その結果、入力情報が脳にとって「快」であるとの判定が得られると、脳活性が上がる。このとき、脳への入力情報は大脳皮質で緻密な感覚認知の分析がなされるために、ここでの神経回路の活性が上がるということは出力を出しやすくなり学習効果が上がることになります。この結果、脳は自らが価値があると認めた(快情動)情報に対する神経回路を構築するように学習制御がなされている、と考えることができるのです。

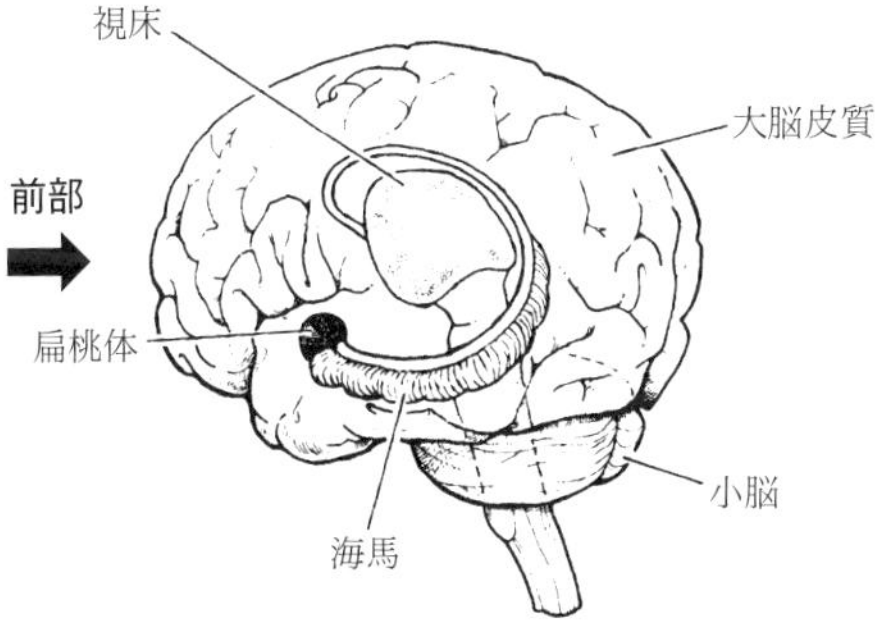

脳の構造．大脳は左右一対の大脳半球，大脳辺縁系，大脳基底核，そして脊髄と連絡する脳幹に分けられる．脳幹は間脳，中脳，橋，延髄の総称である．大脳辺縁系には，脳梁下回，帯状回，海馬傍回，歯状回，海馬，扁桃体，中隔核などが含まれる．カナダの脳外科医，ペンフィールドの研究から，海馬を電気的に刺激することで，過去の記憶が呼び起こされることがわかった．

また、脳への入力情報が「不快」と第一次価値判定でなされたばあいでも、脳はこの判定をくつがえし、第二次の価値判定で価値がある、とすることがあります。それは、大脳認知系での緻密な情報分析の結果が再び扁桃体へ入力され、その結果によって再び価値が判定されるからです。たとえば、野外でなにか草原をゴソゴソと動くものを見たとしましょう。ここまでは視床あたりまでの情報処理によっています。この結果、扁桃体での第一次価値判定結果は

「嫌だ」とか「恐い」などの情動出力と共に、行動的な出力として脊髄や自律神経系を介して「身体の硬直」や「心臓がドキドキし、血圧が上昇」などが起こります。第一次価値判定の出力は行動に直結しているのです。しかし、この間に大脳の感覚認知情報処理系は緻密な分析をおこない、時間を要しますが、今ゴソゴソと動くものを見たような気がしたのは、「ウサギが野原を横切ったのだった」とはっきりわかり、この認知結果が再び扁桃体で第二次価値判定され、その結果、「ホッと」するのです。

この第二次価値判定で価値があると認められれば、脳の活性が上がり、学習制御がプラスに働く方向に転化することが期待されます。従って、脳を作る戦略とそのアーキテクチャは学習性と学習制御性がどのように脳のなかで表現されているかを知って、それらを工学的に再構成し実験検証することだと思っています。そこで、生きている脳に対する研究の焦点をこの二点に絞っているのです。

疑えない出発点は自分自身の存在

松沢　海馬には、じつはわたしは非常に縁があるのです。わたしがどうしてこんな研究をするようになったのかというと、わたしの先生は平野俊二先生という、神経生理学、神経心理学の研究者で、ネズミの海馬の研究をなさっていたのです。今から約二〇年前のことです。ぼくはその先生の京大でのいちばん最初の弟子で、わたし自身、ネズミの脳の研究をしていたときがあるのです。

松本　じゃあ、ぼくらは随分、後輩だな（笑）。

松沢　当時から、海馬は記憶の定着や空間認知に関係する場所だといわれていましたが、平野先生は、海馬への電気刺激とか、海馬からのユニットの記録というようなことをなさっていたのです。

松本　そうですか。今、ぼくらも一部そのことをやっているのです。

松沢　そうですすか、すごい偶然ですね。そういう海馬の研究をしている先生をお師匠さんにして、わたし自身はネズミの脳の働きに興味があったのですが、長い話を簡単に言えば、これはアカンと大学院生のときに思った。こういう研究を続けても、「世界はどうなっているんだ。わたしはどうしてこのようにこの世界を認識するのか」という、自分がもともと持っていた非常に素朴な、哲学的な疑問はわからない。そう思ったのが、現在の研究に進んでいくきっかけだったのです。

今現在至ったところから、自分はどういうことを考えたかを振り返ると、出発点は、いわばデカルト的な思惟です。個体であるわたしがこう考えているということ自体は疑うことができない。ほかのものはいろいろ疑えても、わたしがほかのものの存在や仕組み、世界がどうなっているか疑うことはできても、わたしが今こう考えているという、内省する自分自身の存在は疑えないから、そこを出発点にして個というものの存在、わたしというものの存在はある。

だけどぼくが世界をこう見ているように、必ずしも松本先生が見ているとは限らないし、ほかの人は見ていないかもしれない。ましてやイヌは見ていないかもしれないし、ネコは見ていないかもしれない。たとえば、イヌやネコ、ウシとかウマとか霊長類以外の哺乳類は色盲ですから、この世界をモノトーンにしか見ていないわけです。

そういった思惟を、そういった個のなかに成立する認識を、多くの人は、自分自身も大学院のときにやったことですが、脳の働きに還元して理解しようとする。たとえば電極を刺入して、神経細胞の活動を測るというようなことをする。そうすると、今度は神経細胞の実際の結合はどんなふうになっているのかという神経解剖学にいく。さらに、インパルスの伝達はいわゆる神経伝達物質がおこなうわけですから、神経細胞と別の神経細胞の間のシナプスでの伝達がどのようにおこなわれるのか。伝達物質が、どのように放出され、受容されるのか。じゃあ、その放出は、という、いわゆる神経化学的な研究へいく。すると次に、じゃあ、そういった神経伝達物質はどういう物理的な力によって支配されているのか。そういう物理学の世界にまで踏み込んでいく。実際、そういう方向へ神経科学は進んでいます。

いわば個というものの存在を脳の生理学的なレベルに還元し、それを生化学的なレベルに還元し、さらに物理学的なレベルに還元する。こうしたアプローチは、いわゆる現代的な科学が物事を理解する一つのパラダイムです。それはしかし、わたしがわたしであり、わたしがこの世界を認識しているのは、自分の父、母の下に生まれ、日本に生まれ、現代に生きて、こういう社会の仕組みのなかで自分がこんなふうに考える、そうした個を理解することとは、どうも離れていくような気がする。たとえば、お箸を使って生魚を食べるのは日本に生まれ育った人だけであって、ほかの文化の人たちはそうしないわけです。お風呂に入って、いい気持ちだなと、首までお風呂につかるのはわたしたちの生活であって、チベットの人は一生涯、お風呂に入ることも身体を洗うこともないわけです。

そうした全然違う風土の下には、全然違う社会の仕組みがあって、全然違う人の暮らしぶりがあって、きっと全然違う人々の精神世界がある。だからこそ、宗教とか、さまざまな生活の面でも、それぞれの人が違った生き方をしているし、それぞれの精神の核があり、違った認識をしているからこそ、ヒトのばあい、個性というものが際立ってくるわけです。

そうすると、個というものの認識を物理学に還元していくのではなくて、社会の仕組みのなかに個のあり方を見る。あるいは自然的な環境のなかに個のあり方の原因を見ていく。そういう、よりマクロな視点から個の振る舞いを規定する要因を考えていきたいと思ったわけです。こうしたアプローチは極めて新しいというか、極めてユニークだと思いました。現代科学の大きな流れと逆の方向を見るわけですからね。

脳型コンピュータがユニークな理由

松沢　たぶん先生の観点というのも、一面では確かに脳の働きを光計測のような観測手法で解明するわけですが、その一方で、脳の働きを集積回路の素子とそのシステムとして実現していく。このとき当然、学習可能性、外の環境からどのような情報が入ってきて、その環境に適応して内部のシステムをどのように変えていくのかということが問題になる。

素子を高度化するということが問題なのではない。それがじつはものすごく集積化されたICでやっていてもいいし、巨大な空間があるのだったら、別にトランジスタで組み合わせてやっても構わないわけです。外側の世界、より大きな世界からの制約によって、あるシステム、系としての個体なり脳型コンピュータなりが振る舞っていく。その振る舞いを求めていくというところでの発想の同質性とでもいったものを感じたのですが、そういう理解でよろしいのですよね。

松本　ええ。お話を聞いていると、問題設定が非常に似ていますよね。脳は情報を処理するためのアルゴリズム(仕組み)を自動獲得するシステムである、と言いました。今の多くの脳研究は、脳が獲得したアルゴリズムを分析的に研究しています。このアルゴリズムを知ることが、脳を理解したことであると考えています。もちろん、この研究哲学も納得できますが、脳のアルゴリズム自動獲得の戦略(学習性と学習制御性にあると考えられる)を脳から知って、その戦略を具備した素子とアーキテクチャを人工的に再構成することで自動アルゴリズム獲得の工学システム、すなわち脳型コンピュータを研究開発し、脳を理解するという研究手法がわれわれの脳研究の道です。この脳の戦略を「ブレインウェア」と呼んでいます。このような人工システム(脳型コンピュータ)が獲得したアルゴリズムを調べることは、脳が獲得したアルゴリズムを分析的に調べるより容易であり、その原理的理解に直結するともいえます。すなわち、脳の構成的研究によっても脳の分析研究がめざす脳の理解にも至るのです。

われわれは脳研究をやっていますけれども、それはあくまでも松沢先生が言われたような、外部環境によって作られる要因の戦略を知るための手法で、できた回路をそのまま調べるという、今の生理学のめざすアルゴリズムの分析研究ではないのです。もちろん、分析的に脳が獲得したアルゴリズムを調べている人たちの努力を無駄だと言っているのではなくて、光計測システムは、脳の獲得したアルゴリズム分析の道具としても極めて有効な手段ですが、ぼくらの研究にとっては、この手法によって明らかにしたいのは、脳のアルゴリズム獲得の戦略であり、そのためにこの手法を開発してきたのです。

結局は、おっしゃったように、個体ごとのいろいろな情報処理の仕組みを個々人が環境や生まれ育ちによって獲得していくわけです。その獲得していくための要因がわかり、コンピュータであれ脳であれ、同じようにできるということであれば、逆にそれで脳がわかったことになる。

脳の構成的研究の結果、脳型コンピュータが開発されることになるのですが、このコンピュータは現在のコンピュータに比べ著しい特徴を持つことが期待されます。まず、脳型コンピュータはアルゴリズム自動獲得システムですから、プログラムが自動形成されます。これに対し、今のコンピュータはどんなに緻密に情報処理がなされているように見えても、コンピュータが情報処理する目的とその進め方を人がプログラムという形でコンピュータに命令しなくてはなりません。コンピュータはこの命令に従って忠実に働く機械です。命令されたことに対しては、しっかり応答しますが、命令にないことはまったく応答できません。「かたい」情報処理システムです。今のコンピュータは何でもできる、という計算汎用性が保証されていますが、そのためにはプログラムという形でマニュアルを完備させる必要がある。しかし、現実世界はマニュアル通りに進むということはほとんど期待できないので、今のコンピュータが社会のいたるところで使われるような情報化社会に進むとすると、人や社会がマニュアル化していかざるを得ない。

このような傾向は現在でも人や社会を注意深く観察すると至る所で気がつくことで、愕然となることがあります。人や社会の道具として用いられるべきコンピュータに、人が適応してしまうのです。「ヒトは触れるモノに似る」という脳の学習性のなせるワザです。

脳型コンピュータは学習によって脳にアルゴリズムを自動獲得し、いわば答をあらかじめ用意します。その後、脳に入ってきた情報はこのあらかじめ脳に用意した答を検索するためのインデックス情報として使われ、答を取り出して、出力するのです。すなわち、脳はメモリベース・アーキテクチャのコンピュータであり、脳という表引きテーブルに学習で答をあらかじめ用意し、入力情報はこの答を検索し、取り出し、出力するのです。このとき、入力情報が出力を出すほどのものであるかの評価が価値判定され、その結果、「その価値あり」と判定されると脳の答のなかから何らかの出力が取り出されます。すなわち、何らかの適宜な対応がなされるのです。このように、脳型コンピュータは「やわらかい」情報処理システムです。だから脳も、脳の原理を工学的に再構成する脳型コンピュータも、不完全であいまいな現実世界に対応できるのです。

脳型コンピュータはまた、脳の原理を用いてその構成を脳の基本素子である神経細胞より一万倍速いシリコン半導体素子でおこないますので、学習の（答を作る）スピードも原理的には脳より一万倍速くなるだけでなく、情報処理の（答を取り出す）速度も今のコンピュータに比べても高速におこない得るのです。そういう意味で、作ることが脳の理解に役に立つだけじゃなくて、作ったコンピュータが脳研究の道具としても、また人や社会にとっても役に立つだろうと思うわけです。

第2章　誰も行かない道を行く

自己実現のない研究なんて何になる

松本　研究の向かうべき方向に関して、ぼくは確かに松沢先生と非常に近い、と思います。多くの研究者は、すでに設定されている研究目標に人よりも早く到達することで勝負しています。いわゆる、ナンバーワン志向の研究ですね。これでは、人を排除していくわけですから、行き着く先は戦争です。ナンバーワンになったとしても、今度はいつ自分が排除されるかと思って、安心できないわけです。本当の満足がなく、もっともっと、と欲望はつのるばかりです。このようにして、人は多くの技術開発をおこない、あれば便利というものを創り出してきました。しかし、研究そのものに第一次の価値を置いて、楽しんでおこなっているわけではなく、いつも他との比較で生きているので、脳を研究自身に一〇〇パーセントふり向けるという研究本来の姿からいっても必ずしも効率の良い方法にはならないと思います。

先ほど、松沢先生はわれわれの研究はユニークである、と言って下さいました。何がユニークか、と自己評価すると、研究のめざすべき目標もその目標に到達すべき手法もすべて、自分たちであればこそできることは何か、ということを最も大事な点と考えて進めてきたからだと思います。言い換えると、オンリーワンをめざした研究ということができます。自分の個性というか、かっこよく言えば、研究を通して自己実現をしていくということです。それならば、自分たちも活きるし、研究自体も楽しめる。

だから、松沢先生は謙虚な方だからそんなことはおっしゃらないけれども、ぼくなんかは、

「こういうやり方がいいんだ」

と言うのです。そう信じていますので、言ってしまうのです。こう言ったときの反応で、ナンバーワン志向の学者というのはすぐわかります。

「松本さんはこういう方法が良いと言っている。おれたちの研究を駄目だと言っているに等しい」

と受け取る。ナンバーワンを志向している人たちは、こちらが一番良いと言うと、一番は一人だから、自分たちは駄目だと言われたのと勘違いしてしまって、非常に反感を買うのです。最近、そういう心の動きが少しわかるようになったので、なるほどこの人はナンバーワン志向だなと思って、余裕が出てきたのですが、若いころはそれがわからな

かったために、いつもケンカになっていました。なんで、あの人は怒るんだろうと思い、不快だったのです。でも、一年ぐらい前からこの辺の事情がよく飲み込めてきたわけです。

松沢　なるほど、ナンバーワン志向とオンリーワン志向というのは、非常に言い得て妙ですね。

わたしのばあいに置き換えれば、個の認識というものを脳の働きに還元し、脳の働きを化学に、そして物理学にと還元する現代の科学全体が、ナンバーワン志向ですよね。たとえばノーベル賞もそうです。誰がいちばん最初にそれを見つけたかということが一つの基準になっています。もちろん、それがすべてではありません。ノーベル賞というレベルでは、オンリーワン志向、ユニークさがなかったら評価はされないわけですが、結局、後を追う人たちは、そのモチベーションがナンバーワン志向。確かにそうなんだよな(笑)。

わたしたちは、本当にそういう流れから構造的に自由な研究をしていますよね。なぜならば、誰でもがチンパンジーの研究をできるわけじゃないですし、誰もがアフリカへ行けるわけではないですから。先ほど松本先生がおっしゃっていましたけれども、その研究が、簡単に言うとなんぼのものかといったときに、そういう脳型コンピュータの開発が、じつは脳の理解には役に立つ。その先をおっしゃらなくても、脳が理解されれば、人間がいろいろと困っている問題を解決する手段になるということを人は自明に理解するから、その研究の意義がストレートにわかるわけです。

ところが、わたしたちのような研究のばあい、たとえばチンパンジーに図形文字を教えるということが一体なんぼのものかということを、理解してもらえる良い言葉はなかなかないのです。これをやると、たとえば学習障害をもつ子にどうやってモノを教えたらいいのかがわかります、というために研究しているわけじゃないですしね。言語障害の方、コミュニケーション障害の方がいらっしゃるけれども、その代替コミュニケーション手段として、図形文字のシステムを開発しましたというのとも全然違うわけです。

わたしたちのばあい、もっと単純に、チンパンジーというのはこの世界をどんなふうに認識しているのかを知りたいというのが動機です。それをヒトという異種の生物が理解しようとすると、何らかの媒体が必要で、人工的な図形の文字のシステムを作って、チンパンジーが、たとえば色の名前を図形の文字や漢字で答えてくれれば、われわれにわかるわけです。われわれが彼らの認識に到達する媒体として、そういう文字を教えている。チンパンジーがこの世界をどんなふうに認識しているか、まだまだわからないのですけれども、それがわかったとして、何の役に立つのですかということになる。

松本　いや、大いに役に立つと思いますよ。先生のご研究を外から拝見させていただいていて、それは豊かに生きることを学ぶ一つの方向だとわかります。一人ひとりの価値を大切にして、それから各人が持っている異質な価値を認める。それが豊かさです。そうした豊かさは、今はまだせいぜいヒトの間だけで閉じているところがあるけれども、それが動物にまで広がったら、もっと豊かに暮らせるでしょう。チンパンジーとお友達になれ、寂しいときに慰めてもらえ、こちらも慰める。何も人間の社会だけで閉じて暮らす必要はないわけです。

今のヒトの多くはお金という経済価値にだけ特別の価値を設定し、あらゆることをこの価値尺度から測ろうとするから、今のような社会環境になっています。われわれがいきいきと生きられるというのは、自然が三五億年という長い期間を要して蓄えてきた知恵を大切にして、そのなかでその知恵が何かを知り、人の思いをはるかに超えたすばらしさにふれて感動することなのだと思います。そのことに近づくためにいろいろな方法・道があると思いますが、ようやく科学もこのことに気づき、それが科学という所為のなかでいちばん大切なことと考えられる入り口に到達したと考えて良いのではないでしょうか。

だから、ぼくが松沢先生の仕事の意味を解釈させていただくとすれば、これからまだ人類がどんどん発展していって、従来の狭い枠組み、価値観にとらわれているヒトの心をますます解放して、豊かに過ごせる、もっと広い世界があるのだということをわれわれに気づかせる。そういう突破口になっていくものだと、言いたいですね。

松沢　英語だと、サンキュー・フォー・ユア・コンプリメントというのでしょうね。お褒めにあずかりまして……。

松本　いやいや、だけど、本当に自然科学って、本来そうあるべきものだと思いますし、先生はそのような道をとっくに歩んでこられたと思いますよ。

人間は独りぼっちじゃないという感動

松沢　自分はチンパンジーとの研究にかかわって、ちょうど二〇年目になるのですけど、結論を一言で言うと、ヒトは独りぼっちじゃなかったというのが、研究を通して再認識できたことです。誰それに伝えたいというメッセージ、この研究がどういう役に立って、こんなことがわかって……という、そういうことは一応、横に置いておいても、自分自身で本当にとっくりと心のなかに落ちてくる結論は、ヒトは独りぼっちじゃなかったということなのです。

チンパンジーは、いちばん最初、二〇年前に研究を始めるころには大きなサルに過ぎなかったんです。あるいは大きなネズミだった。

松本　モノに近かったわけだね。

松沢　そう、モノに近かった。全然、理解しがたい存在です。イヌ語がわかる、ネコ語がわかるという人はたくさんいらっしゃいますけど、さすがにネズミ語がわかるという人はほとんどいらっしゃらない。でも、ネズミにはネズミの世界があり、それでそういう研究をしたのですが、ネズミにはそんなに個性を感じないのです。ところが、ニホンザルだと随分、個性があるように見えて、それがチンパンジーだと、明らかに一人ひとりが違っている。

今の研究所に入って、ニホンザルの研究もし、チンパンジーに巡りあって、チンパンジーの研究を始めました。具体的にはチンパンジーの視覚世界の研究です。視覚の情報処理システム、具体的には色がどんなふうに見えて、形がどんなふうに見えて、逆さまの写真をどんなふうに認識しているか。

そういうことがわかってくると、人間と動物という二分法のおかしさに気づいた。

「人間が、人間が、人間が」

「動物は、動物は、動物は」

と、人間と動物を分けてしまいがちですけど、人間は植物じゃないのだから、動物に決まっている。動物界のなかの一員です。そういう意味で、人間と動物という二分法自体がおかしい。ヒトという動物がいます。ニホンザルという動物がいます。ヒトとニホンザルは同じ霊長類というサルのグループです。イヌという動物もいます。ヒトとニホンザルとイヌは、お乳で子供を育てる哺乳類というグループです。この地球上のすべての生命が、歴史をたどればつながっている。

そういう系統発生的な近縁性が、じつは進化のシナリオでもあるわけです。地球上に生命が誕生して三五億年、生命進化の行き着く先がヒトというのではなくて、今一緒に生きているチンパンジーも、ニホンザルも、要は三五億年、同じように生きてきたわけです。そういう自明なことを人間は自分を中心に置いてしか世界を理解できないから、よくわからないわけです。

松本　確かに、人間は傲慢ですからね。

松沢　ニホンザルやチンパンジーは、三五億年生きてきた進化の隣人です。なんで進化の隣人かというと、三四億九五〇〇万年ぐらい、人類はチンパンジーと同じ時間を暮らしてきたから。そういう意味ではずっと長い時間、つまり生命進化の九九・九%に近い時間を一緒に暮らしてきたチンパンジーというものが、今わたしのそばにいるという感覚です。

松本　感動ですよね。

松沢　感動ですよね。わたしが見ているのと同じ色を見、わたしが感じているのと同じように この世界を感じとれる別の生き物がすぐそばにいるわけです。決して同じじゃないのですけど、心の仕組みがものすごくよく似ている。だから喜怒哀楽の情もある。知情意というものもある。

そういった生き物が、今自分のそばにいて、同じように息をしている。そのことに素朴に胸がトクトクトクトクと高鳴る。そういうかたちでチンパンジーを理解できた。われわれはそういう存在であるのだなと。ヒトはそういう生き物なんだということが理解できたということは、素朴に嬉しいですね。研究しててよかったと思います。

松本　ぼくもそうだと思います。研究して知識が増えることも大切です。でも、やっぱりそういう感動というか喜びこそが、研究という営みをわれわれがやっていていちばん望むものですよね。

松沢先生とは分野も違いますが、筑波大学の心理学会で一度お会いし、そのときにお受けした強烈な印象によって、その後、先生に京大霊長研へお招きを受けたり、当方の研究会にお呼び申し上げたり、ということをしてきて、精神的にはいちばん近いという感じをいつも受けます。それはやっぱり、松沢先生がご自分の生き方に極めて素直であり、その素直さをご研究の目的と進め方にそのまま直接反映して生きておられることを知っているからで、こういう松沢先生を知ることは何と感動でしょうか。学者のなかには、さっき言ったナンバーワン志向の人が多いので、論文を書くことを研究の目的と思っている人が多い。われわれも論文を書くということを大切と考えますが、それは結果として論文が書けるので、研究の目的としては、あくまで自分が知りたいことを知ることを優先するわけです。

あることが自分の最終目的に向かって段階として必要ならば、論文とは直接関係がなくとも、それをやる。そういう意味ではお互いに個性が強いということでしょうか。

第3章　誰のものでもない自分の哲学を求めてきた

原体験のなかに確かな動機を見つける

松本　松沢先生は学問全体の流れに媚びないで、自分の関心に対して非常に強い意志がありますね。そういう人はなかなか日本に少ない。さっきお話に出た平野先生のところにおられたのは大学院のときですか。

松沢　そうです。二年半ほどおりました。

松本　ぼくは奥手のほうだから、そのくらいの歳には、自分の人生の目標というものがなかなか決まらなくて迷っていたころなのです。だから、さっきお聞きして非常にびっくりした。若いころから哲学的というか、自分の人生の舵をしっかり自分で握れている。そのような個性がどのようにして先生の生まれ育ちのなかで作られたのか。そういうふうに思われたのはどうしてなのか、とても興味があります。きっと、高校時代とか大学時代の過ごし方に何か人と変わったところがあったのではないか、あるいはそれ以前の生まれ育ちがもっと決定的な影響をしているのか。これらについて少しお聞かせいただけますか。

松沢　こういう研究をしていると、「なんでチンパンジーの研究を始めたのですか」という問いはよく受けるので、チンパンジーを研究するようになったあたりからお話しすることはよくあるのですけど、どうして、たとえば個というものに焦点を当てたり、世界の認識について興味を持ったりしたのかというと……。高校生まで戻るのかな……。

松本　じつはもっと前にある……。

松沢　このごろ自分なりに整理して後ろを見るような年齢になったからだと思うのですが、そうやって考えると、やっぱりどういうように生まれて育って、どういう子供時代を過ごしてきたかということは無縁じゃないと思います。ところが、うちは別に取り立てて変わった家庭じゃなくて、ごく普通の父、母の下に、男三人兄弟のいちばん下に生まれたのです。両親とも小学校の先生でした。

チンパンジーの研究をしているから、きっと子供のころから動物が好きだったのじゃないですかとよくいわれるのですけど、そんなことは全然なかった。すくなくともぼくは自分でそう思っていたし、そこが研究者の原点としてのコンプレックスでもあったのです。ぼくはあんまりコンプレックスはない人間なんですけどね(笑)。

ノーベル賞をもらった動物の研究者というと、すぐ浮かぶのは、一九七三年に動物行動学、エソロジーの研究でノーベル賞をもらったコンラート・ローレンツ、ニコ・ティンバーゲン、カール・フォン・フリッシュの三人です。ちょうどそのころぼくは、大学生、大学院生のころで、たまたまコンラート・ローレンツのノーベル賞の受賞講演の記録か何かを読んだのです。そのときのローレンツの言葉に、優れた動物行動の研究者は、必ず幼いときに動物を愛で、動物と暮らし、動物と深くかかわってきた。そういう幼少期を必ずどんな人も持っていたと書いてあるのです。それで、いや、うちは東京のサラリーマンの子供だったから、そんなことはなかったぞと思って、長い間ずっと、そんな一流の研究者にはなれないなと思っていました。

けれども、よくよく考えてみると、違う自分の幼年期を思い出してくる。生まれは四国の松山なのですけれども、父が若い時代に青雲の志を抱いて、戦後のどさくさのときに、やっぱりこれからは東京だというので東京へ上ってきたわけです。だから、ぼくも一歳か二歳か、自分の記憶のないときに東京へ来ちゃったわけです。

東京の下町のアパートに一家が暮らしているなかで、兄が伝書鳩を飼っていました。映画でいうと、『キューポラのある街』ぐらいのイメージなんじゃないかと思うのですが、伝書鳩を飼っていて、ぼくはその世話を手伝っていた。男三人でいちばん下だから、とか、

「エサをやってもいい？」

「抱かせてもらえる?」とか、そういうことを言う立場だったと思います。それで小学校のころに千葉の郊外のほうに親が家を建てて移りました。そうすると、それは当時の日本の平均的な子供の姿だと思うのですけど、家ではイヌを飼い、学校への行き帰りのあぜ道には、カエルがいたり、ドジョウがいたり、ザリガニがいたり、カエルを捕まえていじめたりしていたと思います。

それは全然、意識しているわけじゃなくて、普通に皆そうしていたことです。トンボを捕まえたり、近くに果樹園なんかがあったからセミを捕りに行ったり、カブトムシを捕りに行ったり、クワガタが家のなかに飛び込んできたり、カナブンが入ってきたり……。自分が動物好きとかということではなくて、身の回りにそういう動物たちがいた。だから、自分が捕ってきたカブトムシとか、入ってきたクワガタにスイカをやったりして飼ったりするわけでしょう。

またよく考えてみると、家が大きくなった機会に二メートル四方ぐらいの大きな鳥小屋を作って、鳥を飼っていたのです。ブンチョウとか、ジュウシマツとか、キンパラとか、ギンパラとか、思い出してくると、ルリカケスなんていうのもいたなとか、キジもいたぞと……。

松本 キジを飼っていた。今では考えられませんね(笑)。

松沢　ええ。それだけじゃなくて、思い出してみるとゾロゾロ出てきて、そういえばシマリスを飼っていたこともあるな。シマヘビもいたわ、とか(笑)。
松本　シマヘビ……、飼っていたのですか。
松沢　そう、飼っていたのですよ。自分の家の周りに、そういうごく普通の当時の日本の自然が残っていて、動物に接していただけじゃなくて、やっぱり兄の影響で、動物というものをもっと身近に見るという経験はしていたのです。ただ、それは自分の意識には全然、上っていない。普通のこととして通りすぎている。それが自分の学問の興味に対する基盤になっているとは、一度も自覚したことがない。ごく普通の小学生、中学生、高校生時代を過ごしてきた。でも、今の常識でいうと、普通じゃないですね。

哲学を勉強したいと思った理由

松沢　高校は都立の両国高校なのですが、学生の三分の一以上は千葉県の子でしたよ。ちょうど学校群制度が始まる前の、日比谷が一番という『赤頭巾ちゃん気をつけて』の時代です。日比谷が一番。戸山とか、西とか、両国とか、いわゆるナンバースクールと呼ばれていた東京の府立中学からの伝統を引く公立高校が「いい学校」の時代でした。千葉県の多くの子が、いちばん身近な、いちばん手近な高校として両国に行っていたから、小さいころからの友達もたくさん、同じ電車で通っていました。
そういう高校生としての自分を客観化して見ると、別にユニークで個性が強いということはなくて、ものすごくはっきりと、ワン・オブ・ゼムというか、あんまりモノを考えない、普通の高校生だったと思いますね。だからこそ、逆に言うと、まあまあ成績も良かったのだと思います。

エジソンが学校では劣等生だったというのが有名です。そんな偉い人になぞらえる必要はないのですけど、どの時代でもユニークだったり個性が強かったりすると、良くも悪くも画一的な学校教育の枠からは、どうしてもはみ出ちゃうものだと思います。だから、そういう意味で、学校教育にうまくなじんでいたということは、個性も強くなければユニークでもなかったということだと思うわけです。

ただ、文系、理系というのが両国高校では分かれていないのです。恐ろしい学校で、成績順に上、中、下とは分けるのですが(笑)。なぜなら、当時の大学の受験システムでは文系でも数学を取らなければいけないですし、物理、化学、地学、生物学のうち、一教科は取らなければいけない。文系と理系の違いは数Ⅲがないというだけで、数ⅡBまでやらなければいけない。社会二科目、理科一科目が文系で、理科二科目、社会一科目が理系という、それだけの違いで、あとは全部やらなければいけないわけです。

つまり、どの教科もできないといけませんよ、というのが学校の規範だったのです。

よく言えばオールラウンドでなければいけない。逆に言うと、数学が好きで打ち込んでいると、東工大には行けるかもしれないけれども、東大には行けない。英語だけが好きで打ち込んでいると、東京外語大には行けるかもしれないけれども、東大には行けない。そういう時代です。

それで何をやりたいというわけじゃない。別に東大に行きたいわけでもない。当時、そのちょっとあとで、そういう世相を揶揄するかたちで『東大一直線』という漫画があったのですが、そんな気持ちは全然なかったです。ただ、与えられた環境のなかで普通に勉強して、良い子でいようとすると、何でもできなければいけないから、何にでも興味を持って勉強していました。

そして、距離的にもいちばん近い国立大学が東京大学だから、東京大学へ行くんだろうなと思っていた。周りを見ても、年間、だいたい五〇人ぐらいは両国高校から東大へ行っていたから、いちばんたくさんの子が行く大学として、それをイメージしているだけであって、そこへ行って弁護士になろうとか、医者になろうとか、そんなのは全然ない。何になろうということ自体が自分にはよくわからなかったのです。

だから、もう笑い話みたいになっちゃうけど、文Ⅰとか、文Ⅲとか、理Ⅰとか、理Ⅱとかありますよね。高校三年生でその区別がわからなかった。当時、学研とか旺文社とかと同様に「文試（ブンシ）」という受験の模擬試験があったのですが、ぼくは文Ⅰ、文

Ⅱ、文Ⅲ……文Ⅳだと思っていた(笑)。

とにかく、そういう区別がわからないで、ただ普通の高校生として毎日、「ああ、いろいろな勉強があって、世のなかには知らないことがまだたくさんあって、おもしろいな」

と思って勉強していたのです。

松本　多くのことに興味を持ち、好奇心を持っていたのですね。

松沢　だから、毎日の勉強が結構おもしろくて、毎日の行き帰りが結構楽しくて、今に通じるのですけど、基本的にはオプティミストだと思うのです。周りから見ると、両国高校じゃなくて、牢獄高校という呼び名があったぐらい、灰色の青春とか、そういうレッテルを貼られていました。でも自分では一度も牢獄高校と思ったこともないし、灰色だと思ったこともなくて、毎日楽しく、普通に友達と過ごしていました。

それで高校三年生ぐらいになると、どこへとか、何をとか、ありますよね。だからといって、学問を決められないから、自分の高校までで得た知識でいうと、どうも昔はみんな哲学だった。すべての学問が哲学なんだ。だから、学問を続けたいのだったら哲学をやる。数学へ行けば数学をやるよりしょうがないし、物理学へ行ったら物理学をやらなければいけないし、法律家になろうと思ったら法律の勉強をしなければいけないけれども、何の勉強をしたいわけじゃない。でも、勉強するのはとてもおもしろいことなので、じゃあ、哲学を勉強すればいいんだと思ったのですね、高校三年生が(笑)。

松本　随分大人びた発想ですね(笑)。

松沢　ところが恐ろしいことに、哲学書というのは一つも読んだことがない。哲学というものを知らない。知っているのは教科書に書いてある哲学だから、アリストテレスというのは、いろいろなことを知っていて、博物学もできて、物理学もできてすごい人なんだな。何かアカデミアとかいって、ゾロゾロ歩きながら、いろいろな学問の話をして暮らしていたようだぞ。それがイメージなわけです。

松本　まったくオプティミストだなあ(笑)。

松沢　それになろうと思ったのです。

松本　夢の世界を自分の頭のなかで創って、そのイメージに向かって行動していくロマンチストなのですね。

松沢　とにかく、これがいいやと思って決めてたのです(笑)。だから、周りの人が医者になるとか、弁護士がいいとかいうのが全然わからない。たぶん親が小学校の先生をしていたから、いわゆる経済的な観念をちゃんと子供に植えつけてなかったのだと思います。どうやって食べていくとか、世の中は経済的な仕組みでどういうように動いているとか、そういうことに関する頓着がちょっとなかった。

そうしていたら、ちょうど昭和四四年なのですけど、東大紛争があって、入試が中止になってしまった。哲学でもやるつもりで大学へ入ろうとして、文Ⅳじゃなくて、どうもそれは文Ⅲというところだということがようやくわかりかけたときにね(笑)。あれ、何か大変なことになったぞと思って。そうすると、周りのみんなが京都へ行くわけです。すごく単純な発想です。何も京都大学に湯川秀樹さんがいて、立派な大学だというのじゃなくて、東大が一番で、次は京大だという、ものすごく受験教育に毒された単純な発想です。実際、その年は、ものすごくたくさんの人が京都大学に行った。ほかの人もそうするから自分も受けようという気になったわけです。京都に西田幾多郎とか、田辺元とか、そういう哲学のすごい系統があるというのは知らなかったですね。

松本　本当に？(笑)

松沢　たぶん、受験に出てくるから、西田幾多郎とかは知っていたと思います。だけど、そこへ行ってその学問をする、西田幾多郎の『善の研究』をやるのだ、その衣鉢を継ぐんだというような意識は皆無でしたね。勉強を続ける方便として、東大がなくなったので京都へ行くより仕方がない。それで京都へ行ってみた。

松本　そうすると、京大の哲学科に入ったのですか。

松沢　文学部に入ったのです。哲学科は文学部に入っていましたからね。哲学科へ入ろうということで文学部に入りました。そこまでがモチベーションの第一部です。

松本　でも、運命のすごいいたずらですね。だって、京大に行かなければ、霊長類研究所へ行くというふうにはならなかったでしょう。

松沢　絶対にならなかったですね。そういう意味では神様はいるんだと思います。別に自分が選んだわけじゃなくて、たまたまの偶然で京都へ行くことになって。京都へ行くことがなかったら、こんにち自分がやっているような研究は絶対にしていなかった、それは思います。だから、縁というか、非常に不思議な気持ちがしますね。

哲学に失望し、山登りに明け暮れる

松沢　不思議はまだ続きます。京大に入ったのが一九六九年だから、東大紛争だけでなくて、全国的に大学はロックアウトされていたのです。バリケードで封鎖しているから、どの大学も学生は授業を受けられなかったのですよ。六九年の一一月ぐらいにようやく授業が一部、再開されたのですが、それまでの半年以上は、大学へ行っても大学がないようなものです。石がビューンと飛んできたり、角材を持った人がドドドッと来たりするわけでしょう。そして、戦後、民主主義教育のなかで、いわば東大を頂点とする知のヒエラルキーがあって、そういうなかへ無自覚的に、本人は意識しない上昇思考のなかでスーッと来たら、いきなり胸ぐらをつかまれて、「どうして大学へ来たんだ」と言われたのですよ(笑)。三菱鉛筆を使うのもいけないと……。

松本　そこまで徹底していたのですか。

松沢　三菱重工業という戦争のための武器を作る企業につながるわけだから、三菱鉛筆を使うのも考えて使わなければいけない。実際には三菱鉛筆という会社は旧三菱財閥のグループではないので言いがかりなのですが、時代はそういう雰囲気だったわけです。そんなものをいっさい予測しないで、普通の高校生が大学に入って、いきなり、なんで大学へ来たと言われても困ってしまうわけです。現実に困りました。それはぼくだけが困ったんじゃなくて、皆、同期の子たちは困って、そういうなかで真剣に物事を考えて、ヘルメットをかぶった子もいるし、真剣に物事を考えて、いろいろなサークルでそういった方面の勉強をした子もいる。

　ぼくはそういう意味で、やっぱり奥手というか、物事を深く考えるということをいわば放棄してきたから、いきなり大学へ入って、真剣に人生考えろと周りに言われても、真剣に考えるような人生を背景として持っていないのです。そうすると、とりあえず自分が好きだと思えることをやるしかない。勉強したいという思いで一応、入ってきたのだけれども、勉強などできない状況になったわけでしょう。そのときに自分がたまたま選んだのが山登りだったのですよ。

松本　なるほど。しかし、とにかく燃えて生きる何かがほしかったんだ(笑)。

松沢　じつは、二番目の兄が山登りが好きで、しかも両国の高校山岳部の先輩にあたって、高校へ入るときに兄のルートで山岳部に誘われて、高校時代、山岳部だったのです。だから、勉強しているか、東京近郊の丹沢とか秩父とか、そんなところへ山登りに行くというのが生活のパターンだったから、勉強がないと山登りしか残っていない。

今から思うと、京大の山岳部は今西錦司とか、桑原武夫とか、西堀栄三郎とか、梅棹忠夫とか、KJ法の川喜多二郎とか、そういった人たちを生み出したすごい伝統のあるところなのですけど、当時は全然、知らなかった。まったく知らなくて、ただ京大にも山岳部はあるはずだから、山岳部に行こうと思って行ったのです。そうすると、その年は空前絶後に山岳部員は多いんです。なぜかというと、皆、事情は同じで、授業がないからクラブしかないわけでしょう。だから、一学年三〇人ぐらいいました。日比谷から西から戸山から新宿から上野から、東京のナンバースクールが、皆そろっていましたね。

とにかく、京大の山岳部に入って一年、年間の登山の日数がだいたい一〇〇日を超え、一二〇日ぐらいになるのですが、山のなかに実質一二〇日入っているということは、残り一二〇日ぐらいは、その準備にかかっているということで、それ以外のことをしているのは三分の一になるわけでしょう。四月はどこへ行って、五月はどこへ行って、六月はどこへ行って、七月は北アルプスへ行って、八月は北海道へ行ってというように、完全に山登り一色の生活を始めてしまう。一年経つと、さすがに大学も授業を再開して、ポロポロと始まったのですけど、山登りのなかで、自分がやりたいことがたくさん出てきてしまって、今度は勉強する気のほうがもうなくなっているのです(笑)。

結局、ヒマラヤへ行くために一年留年して大学には五年いたのですけど、その五年間は、

「学部はどちらですか」

と聞かれますとね、

「はい、山岳部です」

と冗談で答えるぐらい、本当に山登りをしていたな。

最終的には五年生のときに、西堀栄三郎さんが隊長で、ネパールのカンチェンジュンガに登った。カンチェンジュンガというのは五つの大きな雪の峰という意味なのですが、その主峰は世界で三番目に高い山です。そこはすでに登頂されていたのですが、ほかの四つの峰のピークはまだ登られていなくて、その一つ、ヤルン・カンという名前がちゃんと付いている峰に京大が遠征隊を出すことになって、西堀さんが隊長で、ぼくがいちばん若い隊員で行ったのです。八五〇五メートルの未踏峰です。

ヒマラヤの高峰に登るという一点に向かって、とにかくいろいろな山登りの経験を積みました。雪の急斜面を登ったり、岩を登ったり、沢を遡江したり、そういった山登りをずっとやっていくなかで、ぼくはあることを学んだのですね。それは、今西さんや桑原さんや西堀さんがやった学問のスタイル、つまり京都大学という自由な雰囲気のなか

で、ほかの誰でもない自分のやりたいことをやるというスタイルです。それを山登りというものを通して、学んだのです。

だから、冗談ではなく、正味、今の研究につながるほとんどのこと、問題設定とかアプローチとか、それに必要な資料の収集の仕方、それらすべては、山岳部で学んだと思います。学問研究のほうは、山へ行っていない一年の三分の一でやっていれば、だいたいほかの人とそんなに違わない程度はできましたからね。

じゃあ、哲学は一体どこへ行ってしまったかというと、哲学的な興味は失わなかったのだけれども、哲学科の哲学は、ぼくが求めているものではなかった。大学が始まって、自分がやろうとしている学問だから当然、哲学の授業を受けました。ところが、素直に驚くわけです。自分がイメージしていた哲学と、学校が教えてくれる哲学が全然違うから。なぜなら、カントがこう言ったとか、ヘーゲルがこう言ったとか、プラトンに書かれているこれはどういう意味でとか……。

いや、カントがどう言おうが、ヘーゲルがどう言おうがどうでもよくて、この世界はどんなふうになっていて、それがどのように認識されてという、その中身をぼくは知りたかったわけで、そうした自分が本当に知りたいものに哲学は即、答えてくれない。自分が知りたいことを知ろうと思うと、まずやらなければいけないことは、最初の二年間に英語以外にドイツ語、フランス語を履修して、それから三回生になるまでにはギリシャ語とラテン語についてもある程度の知識がないと、哲学科の哲学では話にならないわけです。でも、ぼくはギリシャ語、ラテン語の勉強がしたいわけじゃなくて……。いや、どうしても知りたいことのためにギリシャ語、ラテン語を勉強しなければいけないんだったら、それは我慢してするのだろうけど、とてもそうは思えなかったわけです。

結局、山登りを通じて学んだ、ほかの誰でもない自分のやりたいことをやるという学問のスタイルをとりました。

「この世界はどんなふうになっていて、それがどのように認識されているのか」が知りたい。それを直接知ろうとしたとき、何が近かったかというと、実験心理学が近かったのです。

ちょうどベル電話研究所のベラ・ユレシュのランダム・ドット・ステレオグラムが世に出たころのことです。あのランダム・ドット・ステレオグラムを見て非常に驚きました。だって見えないものが見えるのですよね。印刷された白黒の点の集合をただ見ていても何も見えないのだけれども、両眼像を融合させると、そこに奥行きを持ってリアルに、三角形なら三角形がパッと浮き上がって見える。そのことに非常に驚きました。

見えの世界から脳に興味を持つまで

松沢　今の言葉で言えば、視覚の心理学、知覚心理学です。そういったものが、自分が無意識的に求めていた、世界がどんなふうになっていて、それをわれわれはどんなふうに認識しているのかということに、ごく一部だけれども、的確に答えてくれた。だから、ほとんど迷うことなく、自分には外界がどうしてこんなふうに見えるのか、その見えの世界を実験的に、科学的に研究する学問としての心理学をやろうと思ったわけです。普通、心理学というと、コンプレックスに興味を持ってとか、性格分析がどうのとか、夢がどうとか、といったことから入り込むものですが、ぼくのばあい、そういう興味は全然なかったのです。だから、フロイトというのも読んだことがなかったし、ユングも知らなかった。だけど、ベラ・ユレンュのランダム・ドット・ステレオグラムはすごくおもしろかった。

それで心理学へ行って、ちょうどよかったのが、学部のときに就いた柿崎祐一先生という方が両眼視野闘争の研究者だったのです。これは、両眼分離刺激といって、たとえば左の目に縦棒、右の目に横棒を見せます。日常の世界ではそういうことはあり得ないわけだけど、眼鏡屋さんの検眼器のように、左右の目に独立の光学系で刺激を見せると、左の目には縦棒、右の目には横棒を見せることができるわけです。そうすると素朴には、重なって十字が見えるように思います。ところが、実際にはそうではなくて、あるときは縦棒が見え、二、三秒すると、今度は横棒がパッと現象的には見えて、別に何の意識もしていないのに、またフッと横棒が消えて縦棒が見えるという現象が起こる。当時はそうした現象が発見された直後でした。

つまり、ベラ・ユレシュの発見に誘発された見えの世界への研究を実験的にガイドしてくれる、ハプロスコープという両眼分離刺激を作り出す機械、あるいはタキストスコープという、瞬時にパシャッと短時間だけ刺激を見せる機械を実際に持って、見えの研究をしていらっしゃる方が大学にいた。だから、三年生、四年生のときは、山登りをしているか、下界へ帰ってきたら、見えの視覚心理学をやっていたわけです。

松本　それはおもしろいですね。最近の『ネイチャー』にも、それについての心理実験結果が出ていました。

松沢　そうですか。両眼視野闘争って、おもしろい現象ですよね。何がおもしろいかというと、日常的な経験、日常的な理解を超えているわけです。日常ではそういうことは起こらない、今まで経験しなかったようなことが、自分で体験できるというところがすごいと思うのです。そして、それなりに卒論とか書いて、山登りをしたおかげで人より一年多く学部時代を過ごして研究をすると、今にしてみるととても生意気な、すごく跳ね上がった意識だと思うのですが、これじゃ駄目だと思ったのです。

そう思った理由は、タキストスコープとか、ハプロスコープの仕組みは一〇〇年も前に作られていた。タキストスコープだとハーバード式タキストスコープという三チャンネルのタキストスコープで、ミリ秒の単位で任意の時間だけパッと刺激を出すのですが、その機械の原理は一〇〇年も前に見つかって、同じ原理でたくさん研究がされている。だから、当時の学術雑誌を読むと、そういった装置を使った、人の視覚情報処理の論文はたくさん出ているわけです。それをやると、屋上屋を積み重ねるというか……これは違うとしか言いようがないのですが、違うなと。そこでよく考えてみると、目が見ているわけじゃなくて、目は脳の出窓で、脳が見ているのだと思い当たったわけです。

今までとまったく同じパターンですから、脳のことなんかこれっぽっちも知らないのですよ。でも、大学院へ進むときにすっぱりと、本当にそれはすっぱりと方向転換して、大学院では動物の脳の研究をすると決めたのです。学部でやったことを積み上げて大学院へ行くというのが普通だから、そういう人は珍しいのです。だけど逆に言えば、失うほどのものを積み上げたわけじゃないから、方向転換してもいいわけでしょう。

チンパンジーとの出会いに向けたステップ

松沢　たまたま京大の哲学科の心理学にいらっしゃった二人の教授のうちの一人が両眼視野闘争の研究をしていて、もう一人の本吉良治先生が動物の学習行動の解析をなさっている方だったので、その先生に就いて、いざ動物の脳の研究を始めようとしたところに、神様の配剤で、一年後に、平野俊二先生が大阪市立大学から移ってこられたのです。平野先生はミシガン大学のジェームズ・オールズ(ネズミの脳で「快楽中枢」を発見した神経科学者)のところで脳内自己刺激の研究をネズミを使ってやっていらっしゃった方で、当時の日本の生理心理学をリードする、少壮の研究者でした。まだ四〇代の初めだったと思います。

その先生は赴任してきたばかりだから、誰もお弟子さんはいないわけでしょう。京大では動物の学習行動の研究はしていたけれども、脳の研究はまだ指導できる先生はいらっしゃらなかったから、学生は誰もいないわけです。そこへ平野先生がいらっしゃったので、ぼくの興味とぴったりだから、マンツーマンで大学院の修士課程の二年目から博士課程の一年の途中まで平野先生に就いて、研究をしました。だから、

「ステレオタクシスはこうやって使うのだよ」

「銀ボール電極はこうやって作るのだよ」

「脳の凍結切片はこうやって固定して、ミクロトームを使ってスライスはこうやって、染色はこんなふうに五〇ミクロンおきにやるんですよ」

というのを全部、手取り足取り、平野先生に教えてもらったのです。すごく恵まれていると思います。なぜなら、ぼくが学んだ大学院の二年たらずの間、平野先生一人で弟子はぼく一人だったのですよ。

だから、今にして思うと、学問の実際的な側面、それから研究者としての日常、それはすべて平野先生に学んだことになる。それまで大学紛争の影響がすごく大きかったから、大学の教授というのは実験しない人だったのです。実験室は封鎖されて使えなくなっていましたからね。だけど、平野先生は誰よりも早く出てきて、誰よりも遅くまで残って、実験をしていた。「実験というのは決まった時刻に毎日やるものだ」ということは平野先生から学びました。そして先生は、脳の表面から電気的な活動を記録したり、あるいは脳の組織学に至るまで、すべて一人でこなしていた。文学部の哲学科の心理学のなかですから、医学部のような大きなところと違って分業はできないわけです。じゃあ、これは組織の先生のほうに回そうとか、これは病理の先生のほうに回そうかということができないから、電極を作るところから凍結切片を切り出すまで、それから実験装置を作るところから学習行動のための強化スケジュールを検討したり、そのデータを取って分析して論文に書くまで、それらを一通り、全部、平野先生はこなすし、ぼくはそのスタイルを全部、見よう見真似で学ぶわけです。

そうしていたときに、博士の一年のときですが、霊長類研究所で公募がありました。神様のおぼし召しというか、そういう公募は一〇年ないときもあるくらいのことなんです。

両眼視野闘争、つまり両眼の相互作用をやって、目じゃない、脳だとなってから、ネズミの研究を二年ちょっとやっていて、当時、脳の相互作用について研究したかった。ちょうど、ベラ・ユレシュがランダム・ドット・ステレオグラムによって両眼視の研究を飛躍的に推し進めたのと同じように、脳のほうでは、ガザニガとスペリーが分断脳の研究で、左の脳と右の脳が違った働きをしているということを初めて発表したときです。一九七〇年にガザニガの『分断脳』が出版されたと思います。だから、これからは脳の左半球と右半球の拮抗とか、協力とか、そういったことを研究したいと思っていました。すでにサルでの分断脳の研究も始まっていたので、サルだったらヒトのような左右の大脳半球の機能的な差異を取り出せるのじゃないかと潜在的に思っていたところに霊長研の話が来たわけです。いやもう、これだと思って、サルで脳の機能の左右差というものを研究したらおもしろいなと思ったわけです。確かにおもしろいのですが、世界に目を向けると、スペリーの一派にすでにやられている。それじゃ、おもしろくないんですね。

そこで、自分のバックグラウンドから考えると、どうだろう。ヒトの知覚の研究をしていた。動物の行動、特に学習行動も、生理的なレベルを含めて解析できる手法を、とりあえず大学院のときにちょっとは身につけた。だったら、ヒトで問題にしているような視覚情報処理、見えの世界というものを動物で解析するという視点、これは優れてユニークなのじゃないか。分断脳の研究と違って、まだほとんどそういうことは聞いたことがない。だから、動物にいったいこの世界がどんなふうに見えているかを学習行動を通じて解析したらいいと、二五歳ぐらいのときに思ったのです。

松本　すごいですね。

松沢　そういう願書を書いたから、霊長研のニーズに合ったのだと思います。霊長研に知り合いがいたわけではないけれども、うちは公募でやっていますからということで、採ってもらえて、それでサルに出会ったのです。考えてみると、最初に採用されたときの自分のやりたいと思っていたところから、今も基本的には一歩も出てないですね。ニホンザルから研究を始めましたけど、チンパンジーと出会って、チンパンジーという生き物のなかにどういう認識が成立しているのかをその行動の研究を通じて解析するというね。

松本　首尾一貫していますね。

松沢　オプティミスティックにやっていたから、特別、何の決意もあったわけじゃなくて、自然にここに来てしまったわけです。

ぼくにとっては、京大時代、学部、大学院を通じて過ごしたあの七年半がほとんどすべてでしたね。それは山岳部の先輩、同輩、後輩とのかかわりのなかで、自分が作った物事に対するスタイルなのだと思うのです。それは別に京大山岳部はいいよ、ということではなくて、たぶん、それがぼくの「青春時代」みたいなものであって、皆と同じように、その時代に人格形成をしたり、いろいろな価値観を定めていったりしたのだと思います。それまでの何も考えないで、ぽわんと大学まで入ってきた子と、そこから先の自分とはすごく異質なものだと思いますね。

逆に言うと、現在に至るまで、そこからは等質なのです。大学時代から今までは、いろいろと誤りはしても、ある意味では自覚的に生きてきたようです。

第4章　波乱万丈の人生はたくさんの出会いを生んだ

大学は東大と決めていたベーゴマ少年

松本　松沢先生は大学を一年、余計やったでしょう。
松沢　はい。
松本　ぼくは高校を一年、余計やっているんです。
松沢　そうですか。その前に、先生はぼくよりだいたい一〇年ぐらい上ですか。
松本　一〇年上です。六〇年安保のときに大学に入りましたから。先生は七〇年安保でしょう。ぼくは東京生まれなんです。東京の大田区で育って、家庭は、小さな工場主だった。小さいときは、とにかくつまらないことでもコツコツ何かに打ち込むというタイプらしくて、たとえば興味があると一日、ウマの蹄鉄屋の前でずっと座り込んで見ているとか……。
松沢　東京の町中にも、荷車を引くウマっていましたね。

松本　昔は東京にもいました。しかし、蹄鉄屋の真赤に焼けた蹄鉄をウマのひづめにジューと音をたて煙をあげながら押し当てたあと、その蹄鉄を釘で打ち止めるのを日がな一日じっとその前にしゃがみ込んで見ていたのは、疎開先の館林で、小学校に行く前の四、五歳のころでした。蹄鉄屋のおじさんから、夕方暗くなって、

「坊や、もう日が暮れるから、家にお帰り」

と何度も言われたのをよくおぼえています。母はぼくに就学前、自分の名前ぐらいは書けるようにと、一生懸命、字を教えたのですけど、自分が関心を持たないとなかなかおぼえないので、「この子は知恵遅れではないか」と大いに悩んだそうです。それで就学区は清水窪小学校といって、大岡山駅の線路の反対側にある小学校なのですが、線路を越さなくてもよい赤松小学校に越境入学させてくれました。線路に耳をあて、遠くから電車が近づいて来る音を聴くのが好きだったので、母としては大変心配だったということです。

赤松小学校へ通うには、歩いて二、三〇分を要し、その途中に幅一・五メートル程度のドブ川があって、その間を飛んで渡って登校・下校したものです。よくドブ川に落ちたり、下校時は落ちたついでに魚とりをしたりして遊んだものです。夏は近くの田んぼでザリガニ取りをしたり、洗足池でフナやコイを釣ったりして遊びましたね。中でも中学校まで続いたのが昆虫採集です。小学校のころは、チョウチョウを中心に昆虫採集をや

っていました。昆虫採集は小学校四年から六年まで家庭教師をして下さった栗田仁先生が教えてくれたのです。栗田先生は当時、東京大学法学部の学生で、大学の英語会の委員長をしており、英語の初歩から教えてくれました。アルファベットの書き方から始めて、発音記号まで教えて下さり、発音の仕方は口の開け方、舌の置き方、息を口の近くで出すか、のどの奥の方で出すかなど、愛情深くそして熱心に教えてくれました。ぼくは素直にそれを勉強し、勉強が終わると栗田先生は下宿先の家から田園調布の駅まで、いつも暗い道を一緒に二〇分くらい話しながら送って下さり、大学生活のことやクラブ活動・趣味などについて話してくれましたね。東大の五月祭にも連れて行ってもらい、初めて東京大学をいろいろと案内してくれました。

「きっと大きくなったら、元ちゃんもここに来るだろう」

と言われたのを、おぼえていますよ。

小学校の四年から卒業までは水戸広雄先生という方が担任で、午前中は授業をするのですが、午後は野球とかドッジボール、あるいは理科の実験や社会見学でして楽しいものでした。先生は自腹を切って気象庁(当時は中央気象台)や国会・国立科学博物館などいろいろなところにぼくらを連れて行ってくれました。帰りは、かき氷やみつ豆をおごってもらい、まったく兄貴のような存在でしたね。水戸先生は東京学芸大学を卒業して、初めて奉職・赴任してきた学校で、初めて担任したのがぼくらのクラスでした。先生と親しみが深くなるにつれ、騒いだりヤジったりする子がいますが、顔を真赤にして全身でその子と対決していた姿をおぼえています。

ぼくは、学校から戻って復習が終わると、すぐ外に遊びに出るのが日課で、そのころベーゴマが盛んだったので、夢中になって遊びましたね。それで、絶対負けないベーゴマというのを最後は発明したのです。はじかれないベーゴマというのは、円錐の底近くに円形に溝を削るんです。こうするとはじかれないことを偶然みつけたのです。しかも、皆は右巻きに糸を巻くのだけど、左巻きに巻いてやると他のベーゴマにはじかれず、勝つんです。もう百発百中勝つ。

巻き方を人には見せない。削りのほうは真似されてしまうけど、巻き方は気づかれない。それで小学校の最中は勝ちまくったのです。大人と対戦しても、ベーゴマだけは負けない。どうしてあいつのベーゴマは強いんだって評判だった。一斗缶ってあるでしょう。あれに七缶ぐらい勝ちまくった。それで、それを売っては小遣いにしたりしていました。一五歳とか二〇歳近い大人に、新しいベーゴマよりは安い値段で売っていました。

中学校は学校区内の区立大森中学校でした。中学へ入ったら、学力審査結果が一番から一二〇〇番くらいまで、順位順に氏名が発表される受験一本槍の学校だったのです。一学年の人数が千人以上で、一三クラスあったと思います。一クラスが七八名だったとおぼえています。教室のなかを動くのに、机がいっぱいで、机の上を通り道とせざるを得ないほどで、小学校とまったく一八〇度雰囲気が違う。後年人から聞いたのですが、水戸先生の教育方針はクラスの父兄から、もっと真剣に勉強にとり組んでもらわなくては困る、と大変非難されていたとのことでした。中学校がこの雰囲気でしたから、ぼくは即座にベーゴマをやめようと決心して、ベーゴマを一斗缶で七缶、全部庭に埋めてしまいました。ぼくには、決断をするとすぐそれを実行に移す、という性格が就学前から備わっていたように思います。それに、尊敬できると思った人のことはすべて受け入れ、一度はそのことを素直に実行し味わってみる、という性格もあるようです。これらは今もってぼくの性格の土台となっていますね。

中学校では受験競争の波のなかに素直に埋没し、一生懸命勉強しましたね。中学校一年から三年まで、数学の河村喬雄先生の家に週三回夜通い、中学時代に高校の中級程度まで終わらせていました。英語は小学校のとき、すでに中二くらいのところまで進んでいたので楽でした。この英語の有利さが中学校での余裕になっていたと思います。国語は溝口甲子郎先生というすばらしい文学好きの先生がおられて、本当に魅きつけられたのです。中学三年になったとき、石川台中学校ができ、われわれも先生の多くもこちらに分割されたので、違和感はありませんでした。卒業のときにそれこそ皆、都立日比谷高校をめざすのです。ぼくは、栗田先生からの奨めもあり、しっかりと「大学は東大」と決めていました。そこで、東大へ入学する人数は圧倒的に日比谷高校が多いけど、その当時の東大入学者数では一〇番目くらいの、東京教育大附属高校（現在の筑波大学附属高等学校）を選択しました。この選択の理由は、高校の在生徒数と東大入学者数の比率が教育大附属の方が高いこと、東大入学後に大学での高成績を得るのは附属出身者に多いという噂などを根拠にしたのです。

河村先生以外の先生方はなんで教育大附属へ行くのだと言うんだけど、ぼくの分析ではそういうことだった。それに、教育大附属のほうが、おおらかで、受験校タイプではないという面もあったのです。だから、高校生活も楽しめ、所要の目的も達するというので独自の判断を選択したのです。

松沢　本当に自分の意思だけで高校を選べたのですか？

松本　ええ。

松沢　すごいな、それ。

松本　自分がこのことは好き、あるいは大切であると判断したことに対しては、徹底的に熱中するタイプですから。要するに、勉強もべーゴマもぼくのなかでは全然変わらないのでしょうね。勉強も本当に熱中して、その当時東京都全体の多くの中学校三年生が参加する学力考査で一〇科目一〇〇〇点満点の九九八点を採り、ダントツ一位の成績だったこともあります。だから、今の勉強も東大へ行って勉強するために必要と思って一生懸命になれるし、高校はそのための通過点と考えていた、と思います。

松沢　ぼくなんか、皆が行っているから、その高校、皆が行っているから、その大学へとしか思っていなかったんですけどねえ(笑)。

病院での課外授業が人生を決めた

松本　中学校では、野球部に入っていて主将で、生徒会の委員長もやり、いろいろやりすぎちゃって、高校へ入った途端に重度の結核にかかっていることがわかり、それで一年半ばかり休学したのです。教育大附属高校に受験に出かけるころから、体調は不調で、受験は数日かかるのですが、体育の実技の試験の日に体操着に着がえたら足のふるえが止まらず、高熱が出ていたことに気がついたくらいです。この日を境に家で寝るようになり、中学校の卒業式にもようやく出席できるような始末でした。高校に入学し、やっとの思いで通学する毎日でした。身体検査があって、左の胸に結核のため、玉子大の空洞ができて重病であることがわかりました。最終的には聖路加病院に入院し、左の胸の上葉部を肺切除して、生命が助かりました。じつは、この闘病生活の体験、病院での多くの人との出会いが、ぼくにとってこの人生の転機をもたらしたのです。

ぼくはじつは文学志向だったのです。それで入院中は、いいチャンスだと思って、日本文学だけではなく河出書房の世界文学全集とか、従来から読みたいと思っていた文学書をどんどん買って読んだわけです。落語も好きで、ラジオが慰めの一つでしたから、いろいろな落語家の噺《はなし》を手当たりしだい聴いたものです。そんなとき、隣の隣ぐらいの部屋に高橋茂さんという方がおられました。この方は、そのとき電子技術総合研究所（当時、電気試験所）の課長さんで、その後日立のコンピュータの工場長までやって、今は東京工科大学の副学長をやっておられます。高橋さんも、同じく結核で入ってきて、胸を切る順番を待っていたわけです。高橋さんが三五歳、ぼくは一五歳でした。入院患者のなかに幼児結核で入院していた赤ちゃんがいましたが、その子を除くとぼくは最も年少でしたので、「坊や」と呼ばれて、多くの人からかわいがられていました。高橋さんは、ぼくが『更級日記』を一生懸命読んでいると、

「そんなことをやってもろくなものにならない。コンピュータをやれ」

と言うのです。

高橋さんは日本で最初にトランジスタ化したコンピュータを作って、アメリカへそれを発表に行こうとしたとき、入国審査の条件に結核が完治していないとならず、アメリカへ行くために肺切除することが必要となり、そのための順番を待っていたのです。ぼくも随分、勉強を一生懸命やったつもりでしたが、勉強そのものが本来的に楽しいとは思っていませんでした。だから、ぼくの入院中の生活では、でき得れば学校の勉強から離れたいという願望が心の奥底にあることが自分でわかっていました。しかし、高橋さ

んの病院での生活は、研究が中心でした。周りの多くの入院患者からは、変わり者の学者でつき合いづらい人だ、と敬遠されているのが膚身《はだみ》にしみてよくわかります。高橋さんは米国の電気通信学会誌を毎日読み、いつも研究のことに頭をめぐらし、部下が今日の仕事はこうなりましたと報告に来るわけですね。病院に呼んでいるわけですね。しかもその報告のやり取りを、英語でやるのです。もう本当に学問というのは、このようにしてやるのだ、という情熱というか迫力に圧倒されてしまったわけです。

高橋さんに、入院中にストラットンの『電磁気学』という分厚い海賊版の本を読めと言われたのです。これを読むためには数学をちゃんと知らなくてはいけないものです。しかも英語。こちらは中学を出たばかりなのに、大学の電気工学科の最終年次に教えるような本です。だけど、

「これを読みなさい。そのためにわからないことがあったら、いくらでも教えてあげる。高校の数学なんか、一カ月もかからないで全部マスターできるよ」

ってね。入院中、暇だから数学を教えてもらったら、高校三年の数学まで、入院している一カ月もかからないうちにやれてしまった。それどころか大学の数学もやろうということになってしまい、ベクトル解析の初歩も手ほどきしてもらいました。

「それから君、英語で論文を書かなければいけない。そして話せなければ駄目だから、ぼくと一緒に英語を話す練習をしよう」

高橋さんもなかなか洒脱な人で、

「やるためには意欲が必要だ。あそこにいる美人の看護婦、あの子もなかなか英語好きだから、君、ちょっと誘ってくれ」

と、こう言うわけです。小池さんという美人の看護婦で、一緒に英語をやりませんかと誘い、三人で楽しく勉強しましたね。英語もそこでかなりやれるようになってしまったのですよ。

もう一つの出会いがありました。そのときに手術してくれた外科の正木幹雄先生が、これまたかっこいい、男らしい方で、あこがれてしまったのです。今でも、虎の門病院の外来におられ、ぼくは身体の具合が不調になると先生にお目にかかるのです。正木先生にお目にかかり話をするだけで、身体の調子は半分以上よくなりますね。これは、決してオーバーではなく、本当です。正木先生は当時四五歳くらいだったと思いますが、ぼくが不安そうにしていると、室中響きわたるような大きな声で、

「大丈夫だよ。なんでもないよ。ワッハッハハ……」

とやるのです。正木先生は、コンピュータをやったって駄目だ、人を助けるには医者になるに限る、と言うわけです。

「君ね、東大の医学部に行きなさい」

ってね(笑)。

高橋さんは高橋さんで、

「将来はコンピュータだ」

「コンピュータは単なる計算機械ではなく頭脳を代行するようになる。ぼくはコンピュータで翻訳させることを考えている」

「君も東大へ行ってコンピュータをやれ」

と言うのです。東大へ行っても、工学部なんかに行っては駄目だ。工学部というのはカタログ教育で、基礎がしっかりできないから、人を駄目にする。事実東大の工学部出にロクな人間はいない。東大へ行ってコンピュータをやるのなら、理学部物理の高橋秀俊先生のところへ行くのがいい、とまで言われました。

松沢　今お聞きすると、わたしのばあいと一八〇度違って、高校生のときにしっかりガイドして下さる方がたくさんいたのですね。

松本　松沢先生と違って、自分で決めるんじゃなくて、周りの大人がアドバイスしてくれたわけですね。聖路加病院というのは社会的に指導的な役割を担っている人が多く入院されているでしょう。その人たちから多くのことを学ばせていただいたのです。

松沢　一五歳でしょう。すごくいい時期ですよね。いろいろなものを素直に聞いてがんばれる年齢ですものね。

松本　しかも、ぼくが影響を強く受けた人は、仕事を立派にされているだけでなく、全人格的にすばらしいんです。だから、高橋先生みたいになるか、正木先生みたいになろうかと考えていて、どちらもなりたいなと思ったものです。そのとき、高橋さんが、医者になるのもいいけれども、すべての基礎は物理にある。こういうことをおっしゃる。物理をやっておけば、将来、どちらでも転向は利く。医者に一回進んだら、コンピュータには行けないよと言われたわけです。なるほどそうだと思いました。

その後高校に復学しました。一年半過ぎていたので、本当は二年遅れなければいけないのだけれども、高校の先生は、学力内容が十分であり付いていけると認めて下さって、一年の遅れで復学できました。それで将来は東大の物理へ行くことになって、物理もどこの研究室というところまで決まっているから、こっちは楽なんですよ。先生みたいな迷いがないのです(笑)。

しかし、家に戻って来て、家の状況がすっかり変化しているのを初めて知りました。家業の電気工場が倒産して、家のなかのいろいろなものに赤紙が貼ってあったのです。そして、ほどなく大岡山から高田馬場へ引越しするというのです。引越し先の家は、本当にアバラ屋で、ベニヤ板造りのトタンの外囲いで、床が低く、新宿区内なのにガスもきていない。神田川沿いにあって、少し激しい雨が降ると床上浸水ということも稀ではなく、夏暑く、冬寒いという粗末なものでした。三畳一間に妹と弟とぼくと三人が生活するというふうでした。ぼくの入院中、母は家がこんなに苦境にあるということを一言も言わなかった。のみならず、毎日午後三時の面会時間から夕方の食事が始まる五時まで、それこそ雨の日も風の日も大岡山から築地・明石町まで通いつづけ、しかも身体に良いといって途中銀座のうなぎの蒲焼きや、すき焼き用に牛肉を一キログラムも買ってきてくれ、好きな本が好きなだけ読めるようにと大金をベッドの下に入れてくれました。今にして父母の愛情の深さがようやくわかります。

　父は八百屋を始めました。八百屋をしていれば食べ物だけは何とかなるだろう、と思ったからだと聞きました。リヤカーで引き売りをする、という転身を五〇歳近くになって始めたので苦労つづきだったと思います。母も同じだと思いますが、元々窮地に強く、戦争中でも疎開先でたくましく生きて来た人なので、我が家は母が精神的支柱でしたね。ぼくは大学や大学院のころ、身体が弱って気力もおとろえた父の代わりに、弟と一緒に八百屋を手伝いました。淀橋市場で仕入れをやり、仕入れた野菜や果物をリヤカーに積んで日課のようにして運んだものです。時には売りに回りました。そんな生活が大学院を修了するまで八年半くらい続きました。肉体的には辛いことは多くありましたけど、母がいつもしっかりと一家をまとめていたので家のなかは明るかったですね。ぼくにとっては、淀橋市場で出会った八百屋の人々が、それぞれ精一杯働いている姿を実際に見て、その人たちの生活を知ったことで、研究だけが人生の大事なことではないことがわかり、本当に良い経験ができたと思っています。

コンピュータとの出会い、冷めていく熱意

松本　大学に入った年は六〇年安保の年なんです。七〇年の大学紛争時の全学連のY委員長とか、その彼といつも共鳴し大学紛争を指導したT君とかが同じクラスでした。それでぼくもいつの間にか安保闘争に加わっていた。ぼくは樺美智子さんが亡くなられた日に国会に突入したんですよ。その前から、こんなことをやっていていいのかなという疑問を感じながら行っていたわけです。だけど、日本がどこへ行くのかわからないし、日本の政治家は真面目に日本と日本国民の将来について考える人が少ないのではないか、だからデモに行かないわけにはいかないと思ったのです。それで行くでしょう。行くと、自分の意思にかかわらず、どんどん押し流されてしまう。それで、国会に突入したところまではおぼえているのだけど、後はどこをどうやって逃げて来たかわからない。とにかく家まで帰ってきたんです。家へ帰ってきて、雨の日でしたが、樺美智子さんが亡くなられたと聞いて、もう明日からはやめようと思ったわけです。

あくる日、大学へ行くと、捕まった学生がすごく多くて、無傷の学生はほんの数人だった。頭に包帯しているわ、片方の手を吊っているわ、そんなやつが出てきているわけです。それでも集会にまた行こうなんて言っている。こっちは無傷で、それをしり目に、

オレは今日からやめたと宣言してね。

それで、東大は入学すると教養学部のある駒場へ通うのだけれども、駒場へ行っているると毎日安保闘争の討論ばかりやり、その後デモに駆り出される。そこで思い出したのが高橋秀俊先生の研究室は本郷にあるということ。その日から本郷へ行くことにしたのです。それで本郷へ行って、高橋秀俊先生には、高橋茂先生という人に勧められた話をして、コンピュータを使わせてもらったわけです。

松沢　それは大学一年生の六月になりますよね。随分、早熟だったのだな。

松本　そうかもしれませんね。とにかく、それで高橋研究室へ通い始めた。そのとき、石黒浩三先生という光学の先生がフレネル積分表を作りたいからその手伝いをしてくれというので、石黒先生と一緒になって、プログラム作成をやったのです。そのころは主メモリが二五六ワードですからね。ＰＣ―１というパラメトロン・コンピュータでね。

松沢　知らないな、それ。

松本　知らないでしょう(笑)。すごいんですよ。バッファメモリがドラムですからね。ＤＯＳシステムなんて全然ない時代だから、初期設定からイニシャルロードを紙テープでやるんです。もちろん、機械語ですよね。

松沢　ぼくも最初のときに紙テープリーダーを使ってました。テープの穴に大小があって１と０を区別する。ああいうフォーマットは変わらないのですか。

松本 変わらないですね。穴の開き方を見て、命令語を解読できる、そこまでいかないと、テープがこちらの意図通りにできていないことが多いから、コンピュータが動かない。

松沢 いちばん最初にやった行動の実験、サルの学習実験に使ったのは、DECのミニコンのPDP8というやつでした。ようやく紙テープではなくカセットテープで動き始めたころです。八ビットのマシンですけど、そのときの記憶容量が四Kでしたね。さらにその昔には、二五六ワードというのもあったのですね。

松本 主メモリが二五六ワードですから、えらく工夫しないと、大抵の計算はできないわけです。それで、フレネル積分表を作るのに一年ぐらいかかったかな。ぼくは計算機をそれまで使ったことがないですからね、これには計算機に慣れるという目的もあった。それでとにかく論文を一つ、石黒先生がお書きになったのです。それが終わって、それから物理学科へ進学したわけです。

物理へ行って三年になってすぐ、今度は計算機を作ってみようというので、高橋秀俊先生のところへきた友達と六人ぐらいで、パラメトロン・コンピュータを自作したんです。これを五月祭に展示して動かした。昭和三七年ですから、計算機は珍しいころなので、それはそれでおもしろかった。しかし、作ってみたら、なんだこんなもの、と思ってしまったのです。計算機の原理は単純です。ノイマン型というのはしっかりしているから、これ以上、原理面での発展は望み得べくもないってね。結局、速くするためには、プロセッサのスピードとメモリサイクルを高速化しなければいけない。これだけの勝負で、あとはソフトウェア開発ということになる。もちろん、計算機工学を専門にしている研究者から見ると、こんな暴言は容認できないでしょうが、ぼくは単純にそう思ってしまったのです。

松沢　モノとしては、トランジスタと抵抗とコンデンサで作るんですか。

松本　当時はトランジスタが開発されて普及し始めたころで、トランジスタの特性は不揃いでした。もちろん、コンピュータのプロセッサがトランジスタ化されることは必要と思われていましたが、メモリに関しては磁性体のコアメモリが全盛のころでした。いずれにしても、パラメトロンでコンピュータを作ってみて、高校四年間、さらに大学の二年間の、合わせて六年間持ち続けてきた夢が急速に冷めてしまったのです。

松沢　ノイマン型コンピュータに対する……。

松本　こんなモノを作ったって、一生の仕事じゃないし、なんだと思ったわけです。部品を変えて高密度にして、スピードを上げてやるのがオレの生涯の仕事じゃないやと思ったのです。だから、コンピュータはやめようと決心した。しかし、それでもコンピュータとのかかわりを全く断ち切るには、未練がありました。そこで、磁性体の研究をしようと思ったのです。というのは、そのころメモリは磁性体のコアメモリだったから。

コアメモリのサイクルタイムを速くするために磁性体そのものの性質から改善していくことを研究の目標にして大学院の研究室を選択し、進学しました。父は、もう学問はやめにして会社に就職したらどうか、という意見でしたけどね。しかし、会社に入ったら八百屋の手伝いはできないこともあり、また母はぼくのやりたい方向でやったら良いと支持してくれていました。

磁性体の研究を選択したもう一つの重要な理由は、磁性というのは非常に量子力学的な効果なので、量子力学ということに関して、しっかり勉強できる、という目算です。量子力学という物理学の中心的哲学に実験面から迫れる、という夢があったのです。

だから大学院は磁性の実験研究を進めている研究室に入ったわけです。大学院の五年間は、日曜も祭日もなく研究に明け暮れ、今年になっても米国の『フィジカル・レビュー・レター』という物理学の一流誌に引用される論文も書いて、学位論文を提出し、外見的には研究者として成功したように見えた、と思うのです。

ところが、やればやるほど、これもつまらない。物理学者が不思議な現象に興味を持つのは、その現象を通して新しい自然哲学観が創り出せる可能性がある、との期待があるからです。大学院で設定した問題は、一見今までの物理の概念からは不思議に思えたのですが、きちんと実験をしてみると、従来の物理学の概念を何も変えなくても、その適用方法さえきちんとすればあたり前のことなのだ、ということがはっきりわかったように思えた。これでは、従来の自然哲学観の正しさの検証例を一つ増やしたに過ぎないと思ってしまったのです。それで、こんなことでオレの一回限りの人生があっていいのかとね。

だから、助手の時代は情熱がなくなってしまって、ほとんど実験もしなかった。それこそ、やっていたのは社交ダンスです(笑)。それから気持ちが荒れていたせいもあって、教授とケンカもしました。この教授が立派といえば立派なのですが、量子力学が間違っているという説を作って、助手は教授のやっていることのお世話をするものであると言うものでね。

一五年後の答え、それが脳型コンピュータだった

松沢　いや、そこが世界が一八〇度違うな。京大はそうじゃないですから。ぼくは非常に若くて、二六歳で助手になったのですけど、助手になってしばらくしたときに山岳部の友達が研究所に遊びに来たのです。七年半を共にした同期仲間だから、非常に親しい雰囲気で、足を机に乗せて、こうやってしゃべっていたのです。そうしたら、うちの教授の先生、室伏靖子先生という方がぼくに用があって、部屋のドアの陰から、その用事をおっしゃって、それで通り過ぎていったのです。そのときに山岳部の同輩が、今のは

事務員さんかと言うんです。いや、あれはうちの教授だけどと言って、気がつけば、ぼくは机の上に足を上げたそのままのかっこうで話を聞いていて、室伏先生はそういう方なのですけれども、ドアのところで直立して陰からお話しなさっている。今思えば恥ずかしいだけですが、ぼくらはそれが習いになっていた。ふつうの大学なら、こういう場面では、それこそ先生、先生とお互いを呼び合います。でも京大でいうと、今の研究所もそうですが、「先生」とは普段は呼ばれないのです。松沢さんとか呼ばれます。

そんなふうに非常に自由な、今の感覚でいうと、ちょっと礼を失しすぎてはいるのですけれども、何をやってもいいですよ、好きなことをしなさいということを教えられたと思います。室伏先生からそう扱われ、そうしてきたのは、何をやってもいいのだから、何かをやるのは自分が決めてやるわけだから、すべての責任は自分にある。苦しまなければいけないのは自分、誰かのせいにはできないですよ、ということですね。

今の松本先生のお話を聞いていて、教授の方が、助手というものは教授が考えたものを具現していく手足のようなものだと考えているとしたら、むしろ助手こそ本体で、教授というのはそれを、まさに室伏先生はそうでしたけど、羽の下に親鳥がヒナを抱えて育てるように守っては下さるけれども、ああせい、こうせいとは決して言わない存在であるべきだと思う。ぼくらのばあいは、それしか知らないから、教授はそうなんだとずっと思っていて、でもある時点でそうじゃないということに気がつきました。世の中はそんなふうになっていないとね。

でも、今では自分が教授というような立場になって、下に接するようになればなるほど、本当に自分の研究者としてのスタート段階での助手の時代のありがたさがわかる。室伏先生のばあいは特別ではあるのだけれども、やっぱり京大には大学全体にそういう自由を貴ぶ雰囲気があります。

逆にいえば、上から言われると、やりたくなくなるという面がある。その後、東大の先生とかとお知り合いになったりします。そうすると、そのところが、やっぱり全然違うなといつも思いますね。

松本　ぼくの教授も、ぼくが研究室に入ったときは助教授でした。新進気鋭の気概のある先生だと思っていたのです。途中で教授になったわけですが、そのときに「教授とは」をちゃんと宣言したのです。「助教授までは自分の本当にやりたいことを自由にやれないと思っていたので、ぼくはこれから自由にやる」から、よろしく頼むということをちゃんと宣言されたのです。

大学の教授になるまでは自分が好きなことを我慢するという風潮をその先生も持っておられて、それを当然のこととして受けとめていたわけですね。だから、教授になって今度は助手であるぼくらが先生の手足になって働く、というのは当然だと思うわけです。しかし、問題の設定が余りに後ろ向き過ぎて、とても協調して一緒に進められない、と感じてしまったのです。

　ぼくは嫌いになってしまうと本当に極端になってしまうものですから、

「三月三一日付をもってもう辞めます。助手になる最初から、二年任期ということでした」

と宣言した。辞めてもほかにいくらでも就職先はある、という慢心もあったと思います。

松沢　おいくつのときですか？

松本　三〇の時ですね。しかし、東大の教授とケンカした助手を採用しようなんて大学は日本にないことが、その後骨身にしみてわかりました。また、米国のベル研究所からお誘いを得たのですが、教授の推薦状がもらえないと外国にも行けないことも明らかになってきました。教授は富士銀行にコンピュータセンターができるので、そこで管理の仕事があるから行くように、と言い出す始末です。本当に途方にくれる、というのはこのことかと思いました。その折、人を介して現在の研究所に来ないか、と言われたのです。森英夫所長に面接したら、
「一年前からパターン認識するコンピュータを作る国家的なプロジェクトを始めたので、脳研究も進めておきたい」「医学部の脳研究は、コンピュータとしての視点がないので、物理をした人が脳研究をしてくれないかと思っている。そういう視点から脳研究をやろうというなら、研究所へ来て何をしてもよろしい。脳研究をやるのだったら採っ

てもいいよ」

と言われたのです。

さらに、

「オレは人相を見る。君はなかなかいい面構えをしている。だから気に入ったから採用する」

とも言われた。ぼくはそれを聞いて、ハッと思ったのです。松沢先生みたいにずっと長く熟成したのじゃなくて、その瞬間にこれだと思ったわけです。それでその場で、

「よろしくお願いします」

と決めてしまったのです。

だから、今の研究所には所長を通じて恩義もある。自分がどこまで真剣に考えていたのかよくわからないけれども、高校時代の奇縁が、曲がり曲がっていろいろなことがあって、それで今の研究所に入って医学に近い脳研究のなかで新しいコンピュータの研究開発に取り組める。自分が人生のおぼろげな目標としてぼんやり思ってきたことが、ここに具体的な形でいきなり森所長から提示された。まったく雷に打たれたような衝撃だったのを、今でも忘れられません。

松沢　一五の心にそういう輝かしい未来図を植えつけられた大人ってすごいですね。

松本　三〇になって初めて人生のやるべき方向がはっきりと定まって、そこからの再ス

タートということでした。

松沢　自分のばあいと重ねておもしろいなと思うのは、松本先生のばあいの物理学的な背景と脳への志向という関係ですね。普通は物理学的な背景を持っていると、物理学だけを深めていって、量子力学とか、その背景にある理論物理学とか、そういった方へ行きそうなものだし、脳だったら脳で、脳の研究というものを深めていく。

　だけど、そうじゃない。現代ではそういう学問分野もできつつあるわけだけれども、当時でいったら、物理学的な観点から脳の機能を考えるというのはやっぱりすごいですね。

松本　コンピュータの先駆者であるフォン・ノイマンも、脳をコンピュータという視点から研究しようとしているのです。このことは、高橋秀俊先生のところでも学んだし、高橋先生自身も、脳とはどういうコンピュータかを一生懸命考えて、研究をしています。高橋秀俊先生から、物理学の立場からも、コンピュータの視点からも、脳は極めて興味深いんだということを何度も聞かされていました。そういうふうに言われながら、高橋先生の研究室には行かなかった。自分なりの判断で、磁性体の研究をやっていたわけです。これらは、量子力学という物理の最も魔力的な部分への思いの断ち切りやノイマン型コンピュータに対する思い入れを打ち切る作業であったかな、と思うのです。これらの過程を経ていなかったら、森所長の言葉が自分の人生経路に対する神の啓示のように受けとれず、人生に対する思い切った(と自分では思う)決断に踏み切れなかったでしょう。

第5章　人間中心のエゴイズムのなかで

チンパンジーはサルではない

松本　サルとチンパンジーの違いというのは知らない人が多いですよね。ぼくも最初は知らなかったので、松沢先生に注意されたことがあるのですけど(笑)。

松沢　最近、こんなふうに言うことが多いのですけど、イソップ物語にサルはたぶん出てこないと。

松本　そうなんですか。

松沢　はっきり断言できるわけではありませんが。考えてみると、グリム童話にも出てきたおぼえはないし、マザーグースにも出てきたおぼえはない……。

松本　でも、日本の童話にはいっぱい出てくるじゃないですか。

松沢　そうですよね。そこなんです。桃太郎さんのサル、キジ、イヌ、サルカニ合戦のサル、日本のばあいには童話、おとぎ話にとってサルは重要なキャラクターなんだけど、イソップ物語にもグリム童話にもマザーグースにも、悪賢いキツネとかウサギとか、あるいはイヌとかは出てきても、サルは重要なキャラクターじゃないのです。なんでかなと思うと非常に簡単で、ヨーロッパと北アメリカにサルはすんでいない。

松本　あ、そうですか。

松沢　ええ。ニホンザルがそもそも北限のサルなんですね。じゃあ、サルはどこにいるかというと、インドまで含めた東南アジアです。それからアフリカ、中南米。だいたい赤道を挟んだ南北にいるわけです。熱帯林がサルを生んだという側面があって、要するに中高緯度地方にはサルはいない。

だから、日本はそういう意味で特別な国なのです。サルがいて、サルの研究者が多いという意味でね。つまり、ヨーロッパやアメリカだと、サル学者はたくさんいるんだけどサルはいない。あるいは東南アジア、アフリカ、ラテンアメリカでいうと、サルはいるんだけど、サル学は盛んじゃない。

松本　じゃあ、京大には、世界のモンキーセンターになるという必然性がありますね。

松沢　そうですね。だから、やっぱり日本がインターナショナルな研究の基地になる素地は、一般の人々のなかにあると思いますね。日本人のなかにサルに対する興味がすごく強くて、どなたでも、自身の経験のなかで、野猿公苑のサルを見たとか、温泉につかっているサルを見たとか、自分でリルにエサをやったとか、どこかへ行ったときにサルがバサバサと動くのを見たとか、それはやっぱり学問を後押しするすごく大きな力になったとぼくは思います。

それは日本という文化が、霊長類学という学問をサポートする良い面なのですけど、最近、悪い面にも気がつきました。日本人はサルを知っているから、ニホンザルというイメージでサルというものの全体像を作るわけです。サルの原イメージがあるのですね。なければないで、知識で動物を分類するのだけど……。じゃあ、そのサルの原イメージは何かというと、イヌと違う、ネコと違う、ウシやウマと違うサルの特徴というと、手があるということです。物をつかむ。四肢の先端で物をつかめるというのがサル類の特徴だし、ニホンザルの原イメージにぴったりなわけです。枝をつかんで木に登る。あるいは何かを手でつかんでつまんで食べる。そうすると、サルに似た生き物は何でもサルということになってしまう。だから間違いもあって、たとえばナマケモノはじつは有毛目といってアリクイなんかの仲間なのですけど、あれもやっぱりサルだと思っている。

松本　ぼくもそう思ってたけど(笑)。

松沢　サルは一七〇種類ぐらいいるから、いろいろなサルがいます。確かに共通性として、四肢の先端で物をつかめるようになって、昔は四手類という分類名が付いていたぐらいです。それは的を射た理解なのだけど、ニホンザルのイメージが強いから、何でもニホンザルに似たものはサルとして呼んでしまう。

だからチンパンジーが良い例なのですが、日本人にとって、チンパンジーはサルなんです。たとえば、霊長研のアイが何かすばらしいことができるようになった。それが報道されるときに「天才ザル、アイ」と呼ばれたりしていました。サルではないというのに、天才ザルとかね。胸が痛みます。

英語が母語の人にとってはサルという言葉がなくて、モンキー（サル）とエイプ（類人猿）を区別します。だから、チンパンジー・イズ・ア・モンキーと言うと、チンパンジーはモンキーじゃないから、すごく変な感じです。彼らのイメージのなかでは、しっぽが長くて、ニホンザルぐらいのサイズで動いているものがモンキーであって、エイプというのはゴリラとかチンパンジーとか、しっぽがなくて大きい生き物です。エイプとモンキーはイメージが全然違うのだけど、日本人はサルしかないから、チンパンジーをサルと言ってはばからない。だけど、チンパンジー・イズ・ア・モンキーと言うとおかしくて、チンパンジー・イズ・アン・エイプと言うと、しっくりくる。そういうふうにモンキーとエイプがはっきり分かれているのです。

進化の図式に当てはめて言うとわかりやすい。ヒトとサルというのがあって、昔は共通の祖先がいて、それが現在のヒトになり、現在のサルになった。これは生物学の常識というか、進化の常識で、学校で習うし、昔は同じものだったものが種分化をして、現在のそれぞれの種になったというのは知識として定着しています。ところが、多くの日

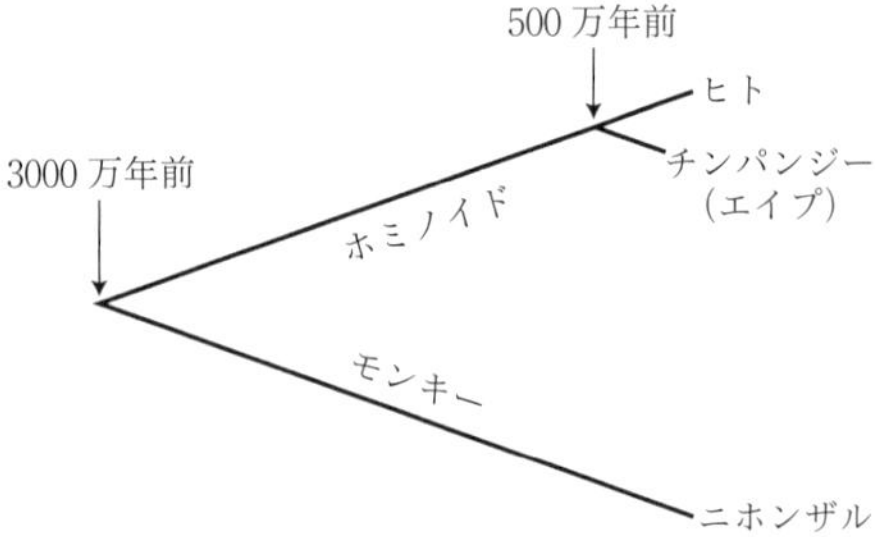

ヒトとチンパンジーの進化の関係

本人はどう誤解するかというと、サルというものがヒトと分かれたあと、サルのなかにいろいろなサルが出てきているんだ。キツネザル、クモザル、アカゲザル、チンパンジーとかゴリラもそうだけど、いろいろなサルが分かれて出てきて、そのサルのなかでいちばん賢いサルがチンパンジーなんだ。サルのなかからチンパンジーが分かれてきた。こういうように考えるわけです。

　だけど、本当はどうかというと、ヒトとニホンザルが共通祖先から分かれたのは、だいたい三〇〇〇万年前ぐらいだろうと化石で推定されているのですが、ヒトとチンパンジーが分かれたのは五〇〇万年前ぐらいなのです。だから皆がイメージしている、サルがいろいろ進化して分かれて、そのなかでいちばん賢いのがチンパンジーだというイメージと全然違って、チンパンジーはヒトと分かれたというのが正しいシナリオなのです。

　欧米の人のほうが、こういうシナリオは理解しやすい。三〇〇〇万年前の共通祖先から、まずモンキーとエイプが分かれた。正確に言うと、エイプとヒトとを含めたホミノイドがモンキーと分かれた。そして、そのホミノイドの共通祖先からおおよそ五〇〇万年前に、ヒトとチンパンジー（エイプ）が分かれた。これが正しい進化のシナリオなのです。

松本　ヒトにもネアンデルタールとか、いろいろな段階がありますよね。

松沢　アウストラロピテクス、ホモ・ハビリス、ホモ・エレクトゥス、ホモ・サピエンス、それからネアンデルタール人はホモ・ネアンデルターレンシスとかホモ・サピエンス・ネアンデルターレンシスと呼ばれるようになりましたけど、ヒトの系列のなかで、いろいろ種分化していくわけです。現生のヒトはホモ・サピエンスしか残っていません。でも、チンパンジーのほうは五〇〇万年前にヒトと分かれてから、ボノボという別種のチンパンジーが二五〇万年ぐらい前に分かれて今も残っています。

ヒトのほうも、こういう進化史的な観点から言うと、ネアンデルタール人がついこの間まで生き残っていたのです。だって、五万年から一〇万年ぐらい前ですから、何千万年という単位で言ったら、ついこの間まででしょう。実際にホモ・サピエンスとホモ・ネアンデルターレンシスが一緒に生きていた時代もあるし、たぶんホモ・サピエンスとホモ・エレクトゥスが一緒だった時代もある。だから、人類というのはごく最近、一種だけになったのであって、複数の種類が今のチンパンジーとボノボのように共に生きていた時代が長かった。そう考えたらいいんだと思います。

いわゆる人種というのは、一万年とか二万年とか、そんなに起源をさかのぼらないわけです。それだって地理的な隔離があって、障壁が高くて、遺伝子の交流が進まなければ、ずっと遠い将来には種分化していく可能性もあったわけだけど、現在は逆にどんどん均一化する方向に交配が進んでしまっています。こうして現在、ヒトはホモ・サピエンス一種きりなわけです。

チンパンジーのほうでいうと、地理的な障壁があって、分布の西と東とでは遺伝子の交流があり得ないですから、ベルスと呼ばれている西のチンパンジーと東および中央アフリカのチンパンジーとは、たぶんどんどん違う方向へ進化していると思います。哺乳類の種分化の平均年数がだいたい一五〇万年ぐらいで、チンパンジーの東西の亜種の違いもそれくらいですが、まだこれからだいぶ先じゃないと、別種にはならないと思います。

要点は、サルのなかからチンパンジーが生まれてきたわけじゃなくて、ホミノイドという共通祖先がサルから分かれて、つい五〇〇万年前に、いちばん最近にヒトとチンパンジーが分かれたということです。今のところ、ヒトのほうでこれはヒトだとしているいちばん古い化石が、二年前に『サイエンス』に発表されたのですけど、発表当時の命名でアウストラロピテクス・ラミダス、ラミダス猿人というのがエチオピアで見つかって、それが四四〇万年前です。

ぼくらが学生のころだと、ヒトの起源はどんどん古いほうへ古いほうへ行っていたのですけど、今は逆で、どちらかというと、五〇〇万年より内側のところでヒトの起源は語られていて、だいたいヒトとチンパンジーの分岐はせいぜい五〇〇万年ぐらい前だろうというところで落ち着きつつあると思います。

それが一つ、とっても大切なことで、ぜひぜひ、これだけはこの本を読んだ人がわかるようにと願っています。チンパンジーはサルじゃない。チンパンジーは強いて呼ぶならチンパンジン人なのですよと言っているのです。

松本　なるほど。

地域で異なるチンパンジーの行動様式

松本　種別上のサルとチンパンジーの差というのは、今のお話でよくわかったのですが、松沢先生は社会生活上の個性ということを言われますよね。その点についてですが、サルとチンパンジーというのは、サル自身から個性的であって、チンパンジーになると生まれ育ちの違いから、もっと特徴が際立ってくるということがあるのですか。

松沢　そういうことも長く考えていて、自分自身もあまり頭が整理できていなかったのですけど、最近、こんなふうに説明したらいいなと思い始めています。

ネズミをずっと使っていてサルに研究対象を変えると、やっぱり驚くのは個性なのです。それこそ、一頭一頭違う。ぼくはアルビノのラットやロングエバンス系の黒白ツートンカラーのラットを使っていたのですけど、確かに細かく見れば違うところもないわけじゃない。けれども、個性を感じるというほどのことは正直ありませんでした。だから、たとえばTの六八二番、六八三番、六八四番と呼んでいました。

だけど、サルはTの六八二とかと呼ぶのはあまりふさわしくなくて、カミナリとかジュピターとか、いろいろな名前をつけられてきた。伊谷純一郎さん、河合雅雄さんなどの草創期の研究者の方々が野生のニホンザルの研究を一九五〇年代に始めたときに、すでにサルに名前をつけ始めたのですが、その気持ちがよくわかる。だって、一頭一頭が違うから。姿形が違うし、振る舞いも違う。そういう意味での個性が間違いなくサル類にはあります。その個性が基になって、複雑な社会的な関係が自然な暮らしのなかでも営まれていると思います。

親がいて兄弟がいて仲間がいて、そこで連合を形成したり、助け合ったりする。たとえばケンカが起こったときに身内を助けるとか、そういった形の社会的な関係をつかさどる知性がある。だから、毛づくろいをして仲良くなったり、その一方で徒党を組んで、ケンカに勝ったり、そういう社会的な知性というのは、たぶん霊長類のかなり古いところ、つまり共通祖先のあたりから発達していたのだと思うのです。

その証拠に、今、一七〇種類ぐらいいる霊長類はチンパンジーやゴリラやオランウータンという類人猿から、ニホンザルのような旧世界ザルと呼ばれるグループ、リスザルとかクモザルという中南米に住む新世界ザル、そして、アジア・アフリカに住む原猿という共通祖先に近い非常に古い形を残したサルまで、皆、そういう社会生活を営んで、他の個体との関係の上で自らの行動を調節しているという意味では共通しているのです。だから、そういう社会的知性というのは霊長類に広く認められると言っていいと思います。

ところが、すごくおもしろいのは、社会的知性に対して、道具的知性と呼ぶようにしているのですが、物を道具として使うというのは、おそろしく限定されていて、ニホンザルでさえ道具を使わないのです。

サル真似という言葉があって、リルだから人がやることの真似をしていろいろなことをしそうに思いますが、ニホンザルが、たとえばチンパンジーがするように棒でアリを釣って食べるとか、そういうようなことはなくて、物を道具として使わない。ゼロとは言いませんが、ほとんどない。棒を立てかけて高いところの物を取るというようなのが、本当にまれに報告されることがあるのですが、自然界では普通、起こらない。

そうすると、類人猿は一般に道具を使いますが、チンパンジーで極端になって、すごくさまざまな道具を使うのです。たとえば、いちばん最初にジェーン・グドールさんがアフリカで見つけたシロアリ釣り。シロアリの塚のなかに細い棒を突っ込んで、驚いて噛みついてきたシロアリを釣って、なめ取って食べる。シロアリ釣りだけじゃなくて、じつはアリ釣りもする。サファリアリを釣って食べるのです。

またこれは去年、ぼくたちが初めて見つけたのですけど、アオミドロという藻が池に繁茂していますね。あれをすくって食べるのです。「水藻すくい」です。

松本 棒で？

松沢 棒で。しかも、たぶん棒に二種類あって、最初のうちは太くて長い棒でガサッガサッとすくい取って食べる。後のほうになるとシダの茎を折って、側方に出ている小葉を取り払う。そうすると、フックみたいなのが茎のところにちょっと残ります。その細いしなやかなフック付きのやつで後をすくい取って食べる。

松本 すごいですね。

松沢 いや、すごいなと思って見ましたけど、それだけではなくて、その観察の過程で大変おもしろいことがわかる。一般には、「チンパンジーは道具を使う」というかたちで理解されているのですけど、そう簡単じゃないのです。「どこそこのチンパンジーはどういう道具を使う」となる。たとえば、東アフリカのゴンベのチンパンジーはシロアリ釣りをする。でも、そこからほんの一五〇キロほど離れたマハレのチンパンジー、これは京大の西田利貞さんが三〇年ぐらい研究なさっている地域なんですけど、そこのチンパンジーはなぜかシロアリ釣りをしない。

松本　いてもですか。

松沢　いてもです。

松本　シロアリは食べないのですか。

松沢　マハレでは食べないようですね。あるいはぼくの見ているボッソウは、アブラヤシの種を割る。野生のチンパンジーが使う道具としては、一対の石を使いますから、いちばん複雑な道具なのです。これはボッソウのチンパンジーに見られるもので、その近縁の西アフリカのチンパンジーはやはり石器を使いますが、東アフリカでは全然、そうした例がないのです。

ギニアの野生チンパンジーによる「アブラヤシの種子割り」

松本　そうなんですか。それはまた驚きだな。

松沢　石だから、そこらじゅうにあるわけでしょう。アブラヤシも、ゴンベだと実際、親指大の種を薄くとりまく外側の果肉は食べるのです。

松本　食べるのに、石を使ってまでも積極的に割って食べようとしない？

松沢　アブラヤシの種の外側の赤い果肉は食べるのだけど、なかに残った堅い種子をたき割って、そのなかの核を食べるという行動はしない。石で何かをたたき割って食べるということをしない。それはできないということではなくて、しない。

だからこれは、日本に生まれ育った人はお箸を使って生魚を食べる、それは親の親の代からそうしていたからそうする、でも西洋の人はそうはしない、ということと同じなのです。つまり、これは文化と呼ぶべきもので、習いおぼえるかどうかということです。道具を使うということを学習する能力は先天的に備わっているのだけれども、どういう道具を使うかというのは生後の環境で、それぞれの地域でそれぞれの文化的な伝統があって、親や仲間がやっているものを見て自分で学習していくというわけです。

そうなっているんだということがだんだんわかり始めて、これからはチンパンジーの文化人類学的な研究が大切なんだと思うようになりました。チンパンジーは何ができるというのではなくて、どこそこのチンパンジーはどういう暮らしをしていて、どういう道具を使っているか、それが大切なのだと。

道具的な知性というのはまさにそういうことだと思うのです。道具的な知性というのは生まれつき備わっている。だけど、どういう道具を使いこなすようになるかというのは、後天的な環境、そのばあい、自然環境というよりは文化的な環境が決めているのだ。だから、ニホンザルではあんまり重要ではないのだけれども、チンパンジーやヒト、道具的な知性によって生きるようになった動物にとっては、文化的な環境、生後の学習がすごく重要になってくる。なぜなら、適切な環境が与えられなければ、学習し得ないわけでしょう。だから、潜在的な能力を調べることも大切だけれども、むしろ、どういう環境が与えられるのか。どういうスタイルで教えれば、どういう形式で学びとるのか、それをもっと研究する必要があるなと思っているのです。

人工的な環境のなかで、チンパンジーの学習能力を探る

松本　とすると、ある地域に生まれたチンパンジーの赤ちゃんを、たとえば東で生まれたチンパンジーを、西のボッソウならボッソウに持ってきて、子供が亡くなったお母さんに育てるようにしむけたら、遺伝子ではなくて本当の環境要因として文化的に、石を使ってアブラヤシの種割りをやるようになるというチャンスはあるのですか。

松沢　それとまったく同じ発想のことが、具体的にはぼくらがやっているアイたちのプロジェクトだと思うのです。今の東のものを西へ持ってくるというのを、西のものであれ、東のものであれ、野生の環境のものを別な環境、別の自然、文化の環境へ持ってき

たときに、どういうふうな可塑性があるのか。

これがもっと違う動物だと、生得的にほとんどのことが規定されていれば、どういう環境を持ってこようが、出てくる行動は生得的に決まっている。そういう生得的な行動を規定するような刺激環境があれば、その行動が出てくるし、そういう刺激環境がなければ、ただ出てこない。それだけの話なわけです。環境を変えると、どういう行動の可塑性があるのか。ぼくらは、野生のチンパンジーをあえて人工的な環境に持ってきて、その学習能力をいろいろな形で調べているわけですけれども、それの背景になる論理だと思うのです。

実際にアイ・プロジェクトなどがそうです。図形の文字のシステムをおぼえる。そのこと自体はチンパンジーにとっての必然性はないのですけど、そういう環境を整えれば、チンパンジーはそれが図形文字のシステムであれ、プラスチックの彩片の言葉であれ、あるいは手話であれ、人が使うような双方向のコミュニケーションメディアとして、ある程度おぼえる。

人がイヌに「あのボールを取ってこい」と言えば、ボールを取ってきますよね。でも、イヌが人に向かって「ボールを取ってこい」とは言わないわけでしょう。そういう一方向的なコミュニケーションではなくて、ちゃんと双方向で進める。「開けて」という身ぶりサインをヒトがすれば、チンパンジーがカバンを開けてくれる。チンパンジーが

「開けて」というサインをすれば、ヒトがドアを開けてくれる。そういう関係をヒトとチンパンジーの間に作れる。野生のチンパンジーは別にそういうことをしないわけですが、違う環境へ置かれれば、ちゃんとその環境のなかで適応していく。ヒトの手話サインをおぼえることもできるのです。

結論を先取りして言うと、道具とシンボルはすごく似ていると思うのです。道具とシンボルは、どちらも、ただの棒であるものが道具になる、ただの手の形、握りこぶしをほっぺに当てればそれがリンゴという意味になる。そういうように、道具とシンボルは同型的な関係があると思う。そして、そうした道具やシンボルをチンパンジーは使いこなせるようになると思うのです。それだけの可塑性を持って生きていると。

じゃあ、逆に野外で、そういう道具的な知性はどう使われているかというと、先ほどもふれたように、東アフリカのチンパンジーは東アフリカの文化的な伝統を担い、西アフリカのチンパンジーは西アフリカのチンパンジーの文化的な伝統を担っている。それは彼らの道具的な知性がそうさせているのじゃないかと思うようになっているのです。

松本　おもしろいですね。ぼくらの仲間でもアメリカに長く行っていると、日本人なのだけど、立ち居振る舞いだけじゃなくて、顔までアメリカ人みたいになっちゃうんだ（笑）。

松沢　そうですね。さっきもあえて日本人じゃなくて、「日本に生まれ育った人は」というふうに申し上げたのですけど、遺伝的に誰を父親とし、誰を母親とし、ということが問題じゃない。国籍とか、遺伝的な背景が日本人であるということは関係なくて、日本で生まれ育つと、やっぱり温かいお風呂が好きになり、お箸で生魚も食べるようになるわけです。あるいはよしずの陰でお団子を、お茶をすすりながら食べたい。そういうものってありますね。だからたぶん、われわれの子供でも、小さいときからアメリカで育てば、ハンバーガーとコーラが大好きだという子が当然できると思います。

第6章　イカの飼育にかけた一〇年の歳月

三段階方式の研究テーマを設定

松沢　ところで松本先生は、どういうきっかけでイカの研究をお始めになったのですか。

松本　ぼくは研究所に入れていただいたけど、生物はほとんど知らなかったのです。けれど当然、何らかのテーマ設定をしなければいけなかった。脳のパターン認識に関して、最終的には工学的な立場で研究所のプロジェクトに何らかの貢献をしなければいけないという大きな枠がありましたけれど、それもそんなに慌てなくていい。そのプロジェクトは一〇年間で終結するが、一〇年間で脳研究から具体的な成果を期待する、というのはとても無理だから、そういうようなことをやっていて、生物の側からの研究がパターン認識の大型プロジェクトに何らかの影響を与えるものであって何かフィードバックをしてくれればいい、ということでした。なかなかスケールの大きい所長で、あとは自分で考えろというわけです。研究者として最も大切な、研究目標の設定とその進め方について、全面的に任せていただけたのは、大変でもありましたが本当に幸せなことでした。

それでいろいろな本を読んだのですが、田崎一二先生(米国国立衛生研究所)の書かれた『神経興奮』という本に、「神経の興奮は磁性体の転移現象と相同である」と書いてあるのを見つけました。

松沢　すごいですね。

松本　固体物理の磁性研究から生物研究に転向したわたしには、田崎先生のこの神経興奮の考えは、馴染みやすい。また、脳のいちばんの基本素子は、神経細胞だと思って、それならまず最初の一〇年は神経細胞を徹底的に知ることから始めるのがいいのではないか。特に神経興奮が磁性体と同じ相転移現象であるならば、ぼくにも取っつきやすいと思ったのです。

そして、ちょうど三〇歳で転向しましたから、六〇歳定年というのを想定して、研究者としての人生設計を、三つの段階に分け、研究所の要請に応え、自分としての夢もある程度はたせたらな、と考えたわけです。すなわち三〇年の研究所生活のうち、最初の一〇年間で神経細胞の研究、その次の一〇年間で脳の研究をやり、最後の一〇年でコンピュータとしての視点を脳研究に持ち込む。こんなような荒っぽいストーリーを作って、それで神経の興奮をまず研究しようと思ったのです。

松沢　最初の一〇年が神経細胞の研究で、次の一〇年がその集まりとしての脳の研究で、最後の一〇年で脳型コンピュータを作ろうと。すばらしいですね。

松本　そういうのを勝手に作っただけなのです。いずれにしても、研究者としていちばん重要な、テーマ設定やその進め方などのすべてを任せてくれたのには、感激しましたね。それで、神経細胞の研究であれもこれもできないので、一つ決めよう。そうしたら、イカの神経細胞はとにかく大きくて構造も簡単で研究しやすいということがわかった。神経細胞の、特に神経興奮の研究に関してはイカの巨大神経がその当時は主流だったのです。それでイカの神経細胞を使った研究をしようと決めたわけです。

　物理でやったときの経験からいって、対象をいろいろ変えるのは絶対によくない。神経細胞にも、いろいろな神経細胞があり、それぞれが興味のある研究対象ですが、ぼくはイカの神経細胞だけを徹底的に研究することにしよう、と決断しました。

　物理学においても概念を明らかにするた

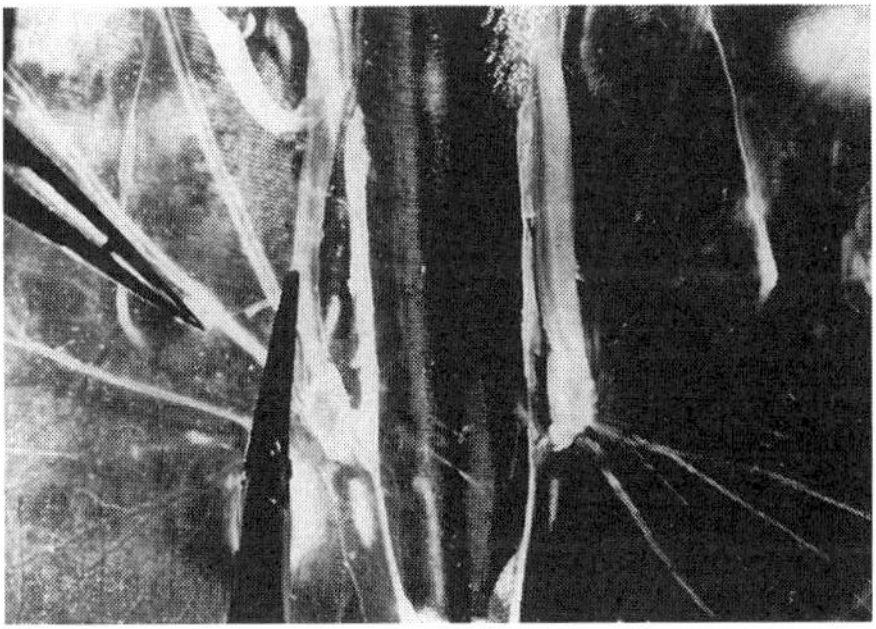

ヤリイカの神経細胞は，太さが約1ミリ(ヒトは約0.02ミリ)，長さは4〜8センチもあり，神経の研究に適している(写真はヤリイカの神経細胞のアップ．左と下から伸びているとがった陰はピンセット)

めの研究はすべて、対象物を一つに決めてそれを徹底的に研究する、という方法でなされてきたと思います。たとえば半導体の研究はシリコンの研究に尽きるのです。半導体には、このほかにゲルマニウムとか、インジウムアンチモンとか、ガリウムヒ素とか、いろいろありますけど、シリコンを研究して今日の半導体物理学と半導体テクノロジーができているのです。

だから、イカの研究にしようと決めたのです。こっちはそういうふうに決めるとスッパリしてしまうから、もうイカだ(笑)。ところが、今度はイカが飼えないときた。これまた仰天でしたね。イカなんて、いつも食べているし、飼えないわけないと思っていたわけです。最初は冗談かと思ったのだけれども、いろいろな水族館に行き、そういう飼育の専門家に聞くと、イカは水槽で半日も飼えないと言うのです。

飼えないとどうなるかというと、イカのいる海辺の研究所へ行って、それで研究をやるのです。だけど、海辺の研究所は内陸に比べて設備がよくない。たいていは潮風が吹いているでしょう。だから、精密な実験設備を置きづらい。そのため、自分の研究装置を持っていくわけだから、それなりの研究しかできない。しかも、海辺の研究所へ行ってやったとしても、イカは回遊性なので、三カ月もするとそこにイカが来なくなって実験ができなくなってしまう。イカが水槽で飼えないからストックできないしね。

当時イカを研究する人は、アメリカのボストンから自動車で二時間くらい行ったところのウッズホールにある海洋生物学研究所へ行って、実験をする。というより、ウッズホールの海洋生物学研究所は、そもそもイカの研究のためにロックフェラー財団からの寄金で建てられた世界で最もよく知られた海洋生物学の研究所の一つといえます。日本の昭和天皇もここを訪ねられていますね。それからイギリスのプリマスにも、イタリアのナポリにも、神奈川の油壺にもイカの実験ができる臨海実験所があって、また最近（と言っても一九八〇年代）、京都府の丹後半島の伊根平田には、生理学研究所の付属実験施設としてイカの研究を目的とした研究所ができましたけど、そういうところを三カ月ぐらいずつ転々とするのです。

イカの飼育が水槽でできないので、限られた三カ月という期間で集中して実験研究する、というのは良い面もあれば悪い面もある。何カ月間も綿密に実験計画を精選検討し、そのスケジュールに沿って三カ月間に集中してその計画をこなす、というやり方をとらざるを得ないので、猛烈型研究者には向いているかもしれません。しかし、研究はスケジュール通りに進まないのが、むしろ普通なので、不測な事態にどう対処するかが、極めて大切で勝負の分かれ目でもあります。必然的にこのような研究方法では研究そのものを味わう、というより、研究のスケジュールをいかに当初の予定通りにこなすかにきゅうきゅうとして苦しくなることが多いのです。

これから脱するには、イカを飼うことだと思ったわけです。イカが飼えれば、半死半生のイカの神経より上質の試料を一年を通して得ることができ、さらに設備の整った研究施設にイカを運んで精密科学としての神経研究をおこなうことができる。そして、われわれとしての新しい神経科学の視点を持ち込むことができると思ったのです。

初めてイカが水槽で泳いだ日

松本　イカの飼育を始めた当初、飼えるかどうかわからなかったのだけれども、海に生きているものが水槽で飼えないわけがない。これは海の条件を再現すれば飼えるわけでしょう。なぜ水槽で再現できないかという問題なのです。それでまず最初にイカが棲んでいるところの海域調査の結果、イカは海水がきれいなところに棲んでいるということがわかり、その水質の分析結果を得ました。

一方、飼育に挑戦した経験のある人にもいろいろ聞いたのです。それからなぜイカが飼えないかという論文も出ているのですね。壁への激突だというのが、説としてはその当時、有力だったのです。ほかには、ノイローゼ説。イカは神経が太い。神経が太いと伝達スピードが速い。だから敏感である。イカは神経が太い動物だから、閉じ込めたときにノイローゼになって死んでしまうというのが、ノイローゼ説です。だけど、これも今一つで、なぜなら広い浜辺のところに仕切りをしても死んじゃうのです。

激突説はウッズホールで出された何十年という研究の結果だから、本当かなと思って、環形の水槽を作ったのです。環形の水槽に、内装と外装を作って、内装にも外装にも網のネットパターンを描いたのです。それで水をぐるぐると回す環流式にしたわけです。そうすると、水がぐるぐる回るので、壁と平行して海水が動くでしょう。さらに、イカは両側に網の絵が見えるでしょう。イカは網ですくおうとすると、パッと逃げるくらいですから、網の絵の描いた壁に近づこうとしないですよね。だから、この環形水槽にイカを入れると、壁にぶつかる、ということはまったく避けられたのです。しかし、このようにしてもイカは相変わらず飼えないことがわかりました。

水槽内で飼育されるヤリイカ

ウッズホールでは四角い水槽の壁にバンパーを付けたのです。エアクッションを付けると、半日で死ぬのが一日半ぐらいに平均寿命が伸びたと報告されています。いずれにしても壁への衝突が水槽でイカを飼えないことの直接の原因でないことがまず明らかになりました。

それでは、これは水の問題ではないだろうか、と考えたわけです。海水がなぜ濾過層《ろか》できれいになるのか。海水がきれいというのは物理的にきれいなのと、化学的にきれいなのと二つがあります。物理的に海水を浄化する、すなわちゴミを取るという方向で最初努力しました。

イカが棲んでいるところの水は確かにきれいなのです。だけど、いくら物理的に水をきれいにしても、結局はイカは飼えないということがはっきりわかったのです。きれいにするには濾過層を厚くする。井戸水を濾《こ》すような濾過槽を作りました。それで物理的にきれいにしてもまだ駄目だというので、次には化学的に水をきれいにするにはどうするか、ということを研究しました。じつはどこの水族館でもそうなのですが、濾過槽の表面(水の流れの上流部)から一〇センチから一五センチぐらいのところにオロがたまるのです。金魚などを飼った人は知っていると思うのですけど、腐敗物がたまるわけです。そこになぜ腐敗物がたまるかというのが不思議なのです。

というのは上のほうはだんだんゴミが入ってきて、そこでゴミが詰まるというイメージなのですが、それは決して物理的なゴミではなくて、蛋白《たんぱく》腐敗物、有機物なのですね。それがたまっているのは、そこにこれらを消化分解するバクテリアがいないということなのです。逆に表層側にはバクテリアが非常に多い。ところが内側にはまったくいない。だから、バクテリアがそれらを分解するのだろう、つまり、蛋白質などの有機物を食べて分解するバクテリアがいるに違いない。それによって、濾過層は化学的に水を浄化するのではないか、と思ったのです。

　それでそのバクテリアを調べたら、非常に好酸性のバクテリアであることがわかったので、そのバクテリアをフィルター層に非常によく醸成すれば、アンモニアの濃度が減って、ひょっとするとイカが飼えるかもしれない。こういう仮定に立ったわけです。それを醸成するためには、好酸菌だから、フィルターの厚さを非常に薄くすればいいだろう。普通は一メートルぐらいの濾過層を作るわけですが、一〇センチぐらいのところからオロがたまってしまうから、濾過層の厚さはせいぜい一五センチを限度にして、その一五センチの濾過層を多段(最初は三段)にして作成したのです。

　そして、水槽に入れる空気はイカにやるのではない。濾過層内のバクテリアのためである。イカは酸素を非常に多く必要とするというのですが、それは嘘なんです。いくら酸素を入れてやっても、水槽中にアンモニアが微量でもあると、エラ呼吸が阻害され、酸素を吸えないので、イカは酸素を非常に多く必要とするように見えるだけなのです。

　このように濾過層を構成して、水槽システムを作り、有機物を浄化するバクテリアがこのなかでよく繁殖するようにします。そして、バクテリアの種として、砂浜からバケツ一杯、砂を持ってくるわけです。そこには多種多様なバクテリアがいるでしょう。このなかからアンモニアを食べて生きるバクテリアをフィルター層に増やすために、最初はイカを入れる代わりに逆にアンモニアを入れるのです。毎日、一〇ppmぐらい入れる。二、三日はアンモニアの濃度があまり減らないのですが、一週間ぐらいすると、水槽のアンモニア濃度の減少の割合が徐々に速くなって来ます。アンモニアをバクテリアのエサとして入れつづけ三週間もして、そのバクテリアが繁茂し始めると、入れて三〇分もしないうちに〇・〇一ppm程度までスーッと減ってくるようになります。

フィルターの素材としてサンゴ砂がいいとか、大磯サンドがいいとか、いろいろいわれています。われわれは、ヤシガラ活性炭がいちばんいいと思っています。ポアメッシュの大きい水性のヤシガラ活性炭に、バクテリアがものすごくよく付着して、繁茂するのです。そして、このバクテリア(硝化菌)はアンモニアをエサにして、硝酸に変える。すると今度はその硝酸を食べて生きるバクテリアができ、そして全体が、閉じた世界として生きるのです。このようにして、水槽システムを準備し整備した後に、イカを入れると、死なないのです。

われわれの研究所は最初、東京の田無市にありましたから、相模湾で釣れたイカを三浦半島から簡易キャンバスの水槽に入れて三時間くらいかけて運んでいました。このため研究所に着いたころはイカは弱っています。トラックから研究所の水槽に移すと、イカには浮きがありませんので、水槽の底に横たわって、動かないイカもあります。以前の水槽では、このようなイカが再び泳ぎ始めるということは決してなかったのです。

しかし、このように作った水槽では、トラックから水槽に移して横たわったイカも元気を回復しました。こんなに感動したことはありません。イカが初めて飼えた日は、もう水槽の横に茫然と立ちつくすようにして、涙を流して、家に帰らずその晩そこで過ごしてしまいました。本当にこれは劇的だった。それまでは今日イカを運ぶという日は、研究室の人はイカが食えると同義語だから、みんな親切でよく手伝ってくれたのです(笑)。これからはこんな協力もしてもらえないかも知れないな、などとバカなことを考えたこともおぼえています。

松沢　全部、死んじゃうから手伝ってくれた(笑)。

松本　いろいろな感慨がありましたね。居室のなかに作った水槽の大きさは一・五メートルのサイズで、濾過槽はその水槽の上に作ったので天井まで届くくらいです。要するに研究机は廊下に出してしまって、皆がいる居室に水槽を持ち込んだわけです。ほかの人がよく許してくれたなと思って感謝しています。実験室は精密機械・計測機があるので海水を持ち込むことは許されないのです。あれがイカだからよかった(笑)。イカが今日運ばれてくるという日は、水槽は二階にあったのですけど、協力して下からバケツリレーでイカを運んでくれるのです。だから、廊下は水浸し、海水浸しです。それなのに手伝ってくれて、そういう日を二年やりまして、それでイカが飼えるようになったのです。

これは本当に感動でした。嬉しくて涙が止まらないのは、他人ができないことができた、ということの喜びではなく、イカが水槽で泳いでいるというイカの喜びみたいなものに共感して素直に嬉しいのです。その三年間で大げさに言うとイカの気持ちがわかるようになったのですね。水槽で泳いでいるイカの皮膚の輝き、イカの泳ぐリズム、腕の広げ方などから生きることの喜びが素直に表現されているのを感じとれるのです。

松沢 三年経ってイカが……。

松本 三年半ぐらいですかね。三〇歳で始めて三四歳になるころだったですからね。

松沢 神経細胞の研究をしようと思って、三年半もまずイカを飼うことに……。

松本 三四歳までね。論文が初めて出たのは三六歳ですから。

松沢 もちろんイカの飼い方じゃないでしょうね(笑)。

松本 イカの飼い方です(笑)。『バイオロジカル・ブレティン』という学術誌としては最も古い雑誌の部類だと思いますが、当時はその編集委員会がウッズホールにあってこの論文を掲載してくれました。この後、ウッズホールの海洋生物学研究所を訪問したとき、イカを飼育した人として大歓迎してシンポジウムを開催してくれました。

イカの飼育は、単に時間が三年半もかかったというだけでなく、飼えるようになる少し前のころは精神的にもすごくまいっていたのです。夜、寝ていても、跳ねたイカが天井からブアーと落っこちてくる気がする。水がかかってくるように感じて驚いて飛び起きたりね。ノイローゼになってしまって、気持ちがグラついてきました。そんななかで、突然イカが水槽で飼えるようになってしまった(笑)ので、感激も大きかったのでしょう。コンラート・ローレンツ博士が水槽に泳いでいるイカを見るために、当時ミュンヘン工科大学の教授だった森永晴彦博士の案内で、田無市の研究所を訪ねて下さいました。一九七五年の一二月かな、沖縄で海洋博覧会があったときです。彼はノーベル賞をもらって、そのもらった賞金で水槽を作った。水槽を作った目的は……。

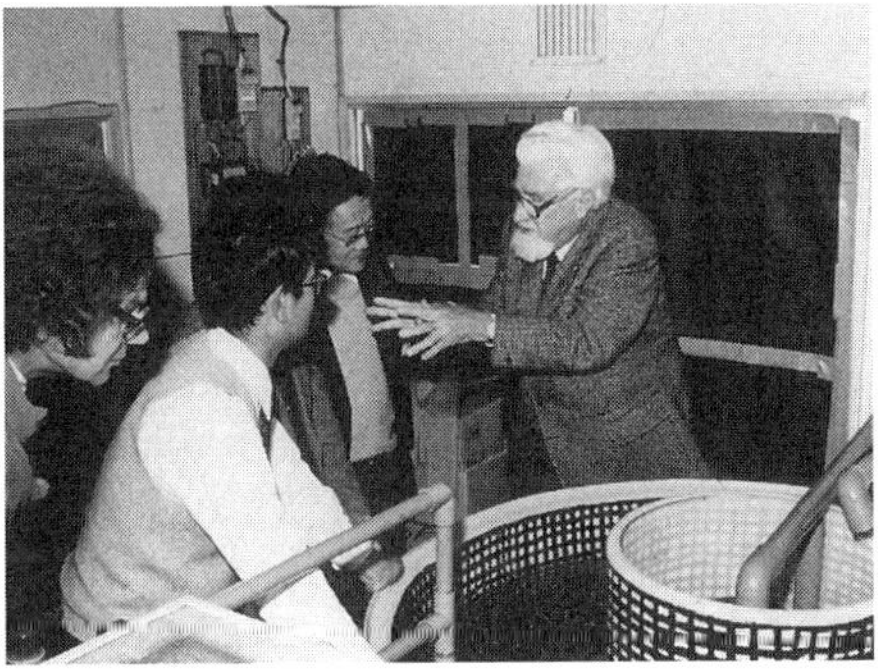

ヤリイカの水槽の前で．来日したコンラート・ローレンツ博士と

松沢　そうだ、あの人はアクアリウムが大好きなんだ。当時の権威ですね。

松本　水槽でイカを飼うことが大きい目標だった。それで、そのときの近代的なアクアリウムの設備を作ったけれども、彼は結局、イカは飼えなかったのです。

ローレンツ博士が一週間、日本に滞在して、一緒に行動することができ、博士の知識の深さとすばらしい人柄にふれ、多くのことを学ばせていただくことができました。江ノ島へ行ってイカを釣っている現場を見たいと言うから、ふだんイカを釣っていただいている漁師さんに頼んで乗り合いのイカ釣り船にご一緒に乗って釣りをしたりね、今もってあれは楽しい思い出ですね。

松沢　いや、おもしろいな(笑)。

松本　これが、イカの神経の実験研究を始めるスタートでしたね。

第7章　環境があり、文化があり、認識手法がある

個体は単なる遺伝子のキャリアか

松沢　ぼくのばあい、ローレンツ博士が出てくるような、そういうワクワクする冒険談はないのですけど、研究所に二六歳のときに就職したから、そのときにはこんなことをやりたいということは思い描いていたわけです。それは先ほどもお話ししたように、ヒト以外の動物が見ている世界を何とかうまく取り出せる、そういう認識に迫れたらおもしろいなということでした。

だけど、どうやっていいかというのがよくわからないわけです。だから、最初の二年ぐらいは暗中模索だった。博士課程の一年生のときに研究所に行って、研究所というのは学部生がいなくて大学院生だけだから、いわば修士一年、修士二年、博十の一年、二年、三年と大学院生がいる、ちょうど真ん中に入るわけでしょう。だから教官として赴任はしたけれども、周りの学生とほとんど同じ年齢です。肩身が狭いというか、何か若

いのがチョロチョロしているという感じなわけです。霊長類のことなんか何にも知らないしね。いちばん若いし、だからまず資料委員です。いろいろな研究で実験殺をして、死体ができるわけじゃないですか。大事なサルだから、それの骨格標本を採るとか、臓器を採るとか、解剖しなければいけないのです。

松本　それから始めたわけですか。

松沢　それからです。最初の二年間は、皮をはいで臓器を取り出してお手伝いしました。それから山岳部だということで、野外にも連れていってもらって、志賀高原でニホンザルの調査をやりました。山のなかに入ってサルを捕獲して、その後いろいろ計測したり、レントゲンを撮ったり、採血したりするのですけど、早い話、サルを捕まえる捕獲係です。

松本　捕まえられるのですか。

松沢　手で捕まえるんじゃないですよ(笑)。

松本　網で?

松沢　落とし檻です。落とし檻のところでじっと待っているのです。サルが入ったら、パッと手を離すと、ストンと檻の戸が落ちる仕掛けなんです。その合間にはスキーもできるなかなかいい仕事でした(笑)。

そんなことをやっていたころ、E・O・ウィルソンの『社会生物学(ソシオバイオロジー)』という本が一九七五年にハーバード大学出版局から出ました。欧米の生物学の世界では、すごくインパクトのある本だったのです。でも日本では、その当時はそんなにインパクトはなかったな。というか、社会生物学という学問自体がまだなかったから、誰もそういう本を訳せる人がいなくて、今、沖縄大学へ移られた伊藤嘉昭さんが声をかけて、今は九大にいる巌佐庸さんとか、若い研究者たちに分担して訳させたのです。ぼくは日本語訳で五分冊のうちの五冊目を訳したのですが、そこはヒト以外の霊長類とヒトの巻だったのです。

勉強になりましたね。まったく新しい学問的な観点から動物の行動を見る。驚いたのは、ぼくが大事だと思っていた「個体」とか、「学習」というのが、社会生物学には全然出てこないのです。「個体」は単に遺伝子のキャリア(運び手)にすぎないということで、「学習」というのは、枕にもなるような厚い本のなかで、ワン・パラグラフだったかな。だから目からうろこが落ちるように、強烈なインパクトを受けました。霊長類やヒトの社会的な行動、あるいは道徳観、言語、そういうものもすべて遺伝子によって決まっているというのですから。でも、個体というものがほとんど無視され、学習というものがほんのワン・パラグラフになっているのだったら、逆にそここそ研究する価値があると、ぼくは思いました。

そこがちょっとひねくれていると思うのだけど、きっと今後、「社会生物学」のいう遺伝的・生得的な決定論がすごいインパクトを持って日本の生物学に普及していくと思ったのです。実際、現在の行動生態学とかは、このウィルソンからリチャード・ドーキンスの『生物＝生存機械論』(後に『利己的な遺伝子』と改題)とかの影響を受けて、遺伝子決定論のほうへどんどん進んでいるわけです。

松本　無視されているからこそ、かえって自説に自信を強めたわけでしょうね。

開花したチンパンジーの認識力

松沢　しかもそのときに、まったくの偶然で、室伏靖子先生が、

「日本でもチンパンジーの研究を始めるべきだ。チンパンジーの人工言語の研究とかを進めるべきだ」

と提唱なさったのです。ニホンザル研究では日本が先進国だったのだけど、類人猿の研究では欧米に遅れをとっている。それは日本に類人猿がいなかったわけですからね。研究所にもプロジェクトが始まるまでチンパンジーはそのとき一個体しかいなかった。室伏先生が一九七七年に初めてチンパンジーを導入されて、じゃあ、これで研究しましょうと、初めて素材が与えられて、そこは松本先生と同じで、自由にやってくれと言うのです。何をやってもいいとね。

それはぼくが二七歳ぐらいのときですけど、チンパンジーがどんなふうに世界を見ているのか、色の見え方、形の認識、そういったところから研究するのがいいだろうと思って、室伏先生がお始めになったプロジェクトに参加していったのです。

もちろん、ほかの研究、ニホンザルの学習研究とかもやっていたのですけど、チンパンジーに打ち込んで、最初の論文が出たのが一九八五年ですから、かなりかかっています。七年ぐらいかかっています。でも、その成果が『ネイチャー』に載ったのです。

松本　それはすばらしいことですね。

松沢　でも、それも、松本先生があのころがいちばん楽しかったなとおっしゃったのとすごくよく似ていて、三〇歳前後のとき、こんなことを日本の片隅でぼくがやっていることを世界中の誰も知らないと一人ほほ笑んでいたときが、いちばん楽しかったな。毎日、一週七日間、朝から晩までチンパンジーの相手をしていられるわけですよ。

松本　そうそう。そういう自由はもう少ないですよね。

松沢　そういうなかで、アイがどんどん色に対応する図形の文字をおぼえ、色に対応する物の名前をおぼえ、こちらがマンセルの色票を使っていろんな色を出すと、こっちが想像していた以上にきれいにカテゴリー的にたくさんの色を一一の色名でパシッパシッと答えていく。かつ、われわれにとって境界色になるような、青と緑、どっちかなというような色は、やっぱりアイもどっちかなと考えている。実際、そのためらいは反応時間として、つまり答えるまでに要する時間として測定すればいいわけです。

そのころは本当に手作りだったから、コンピュータ・プログラムも自分で書いていましたけど、ちゃんとミリ秒台で判断に要する時間がきっちり取れている。それをグラフに描いてみると、はっきりとカテゴリー的に判断している部分と、カテゴリーとカテゴリーの境界で、判断に要する時間がすごく長くなるところ、そういうものがうまく出てきて……。

松本 やっぱり考えている表情も人間と似ているのでしょうね。迷っているというか、どちらにしようかなという……。

松沢 それが行動としては、たとえば出されている色を見て、文字のほうを見て、もう一度、色を見直して、それで文字のほうを見てようやく答えるということをするわけです。

松本 前に見せてもらったけど、答えるときははっきりしていると速いですね。人間より全然速いでしょう。

松沢 速いですね。

松本 パッとやっちゃうのですよね。

松沢 それは次のステップではっきりしました。一瞬で見て数の判断をします。モニター画面に出てくる白い点の数をアラビア数字で答える課題です。点の数をだんだん増やしていきましたが、７とか８とかになると、ぼくらだってすぐには数えられないです。1、2、3、4、5、6、7、8と数えて答えるから、反応時間も数が増えれば増えるほど長くなる。チンパンジーも基本的に5以上の数だと瞬時にはわからなくて、反応時間は長くなるのだけど、全体の反応時間の平均は、今、松本先生がおっしゃったように、確かにぼくらより速いのです。だから、パッと見ての判断はたぶん、チンパンジーのほうが速い。別にいいわけですよね、何もかもヒトが優れていなければいけないということはないのだから。チンパンジーのほうがある種の認識においては優れているということがあってていいと思うのです。

最初はどう見ているのだろうという興味から入って、色の認識や形の認識を比べている限りでいうと、基本的にはヒトとチンパンジーに大差がないというのが結論だったのですけど、次の段階ではどこが違うのかというところへ進みました。いちばん端的なのは、逆さま写真の認識です。よく見慣れたヒトの顔写真を逆さまにされるとわからないです。当時でいえば山口百恵とか、皆が知っているという人でも、写真を逆さまにされると誰だかよくわからない。

それぞれの種にある異なる印象の世界

松沢　その実験のばあい、いちばん最初、アルファベットのAからZまでの識別を教えたのです。これは二三日間でできました。それができて、今度はアルファベットのサイズをいろいろに変えて、それでもちゃんと文字が選べるようになって、その後にヒトの顔写真を見せて、特定のアルファベット、松沢さんを見せるとZ、浅野俊夫さんを見せるとT、室伏靖子さんを見せるとKというように、あるいはアイを見せるとL、アキラを見せるとA、マリを見せるとMというように対応を付けたんです。その後に写真を引っ繰り返す実験をしてみたのです。そうすると、速いんです。ぼくらより圧倒的に速く逆さま写真の識別ができる。

松本　文字のほうを引っ繰り返したらどうなったのですか。

松沢　文字のほうも、やっているときには気がつかなかったのですけど、逆さま写真の認識の研究をしてから、さかのぼってアルファベットの識別の研究のところのデータを見直してみるとDとO、XとK、VとY、EとFなど、物理的に重なっている、近いものが間違いやすいのですが、WとMも上下に引っ繰り返っているから間違えやすいんです。

松本　6と9はどうですか。

松沢　6と9もデータを見ると、やっぱりものすごく間違えやすいのです。もちろん3と8とか、1と7というのも間違えやすいですね。

松本　同じに見えてしまうのですか。

松沢　そうなのです。だから、逆さま写真の認識が優れているというのではなくて、逆さまになっても正立のものと同じように識別できるということなんですね。逆さまのものと正立のものとを混同しやすいということなのです。6と9も混同しやすいし、WとMも混同しやすい。ヒトにとってはそういうことはあまりない。ヒトは左右は混同するけど、上下に引っ繰り返すということは、たぶん基本的には重力に規定された二次元平面で動いている生き物だから、という理由で、ないのだと思うのです。

しかし、チンパンジーはわりと簡単に上下を引っ繰り返して認識するということは、逆に混同しやすくて、上下の方向に無頓着というか、そういうことが一貫してデータのなかに出てきたのです。

そうすると、このばあいには文化的な制約じゃなくて、生得的な制約です。チンパンジーとして生まれたものは、この世界を見るときに上下を取り違えるような、重力方向からの制約の少ない対象認識をしている。ここらへんがヒトと大きく違うのだなというのが次の段階での大きな発見だったと思います。

松本　どっちが自然の見方として正しいのかな。こういう疑問がまず人間的というか。自然認識に関しては人間は非常に間違いやすいということになりますかしら。

松沢　たぶん、物の考え方を、やっぱり人間中心的なところからちょっと離れてみるといいと思うのです。たとえば色ということがそうですが、色覚で考えると、確かに哺乳類のなかで霊長類だけに色覚があって、ヒトもチンパンジーもニホンザルも同じように色を見ているわけです。

たとえばこの壁が青く見えた。これが青く見えているというのは、われわれにとっては疑いのない現象学的な真実として青く見えます。だけど、今、物理学が教えてくれているのは、物というのは光を反射する性質があって、多様な光を反射している。光は何も四〇〇ナノメートルから七〇〇ナノメートルのところに特別な特徴があるわけじゃなくて、われわれの眼という器官が四〇〇ナノメートルから七〇〇ナノメートルの反射光を感知する視細胞を持っているからだけなのです。だから、実際にはこの青く見えている対象物は、三五七ナノメートルとか三〇〇ナノメートルとか、要するにヒトの眼では色を感知しない紫外線を反射している可能性もあるわけです。

実際、ここにモンシロチョウがいたとしたら、チョウはその紫外線を見ているわけです。だから、物理的に同じ世界にいて、物理的には同じ太陽光が当たって、物理的には同じ光をこの壁が反射していても、チョウが見ている世界と、われわれが見ている世界と、イヌが見ている世界とは全然違います。イヌだとわかりやすいですが、色盲ですからモノトーンにしか世界が見えないわけです。

だから、物理的にある世界を真実に見ているという表現は、どの動物にも当てはまらないのです。あくまで人間が人間として考えたときに、こう見えているのが当たり前だと思うに過ぎなくて、物理的な世界の側から見れば、当たり前の見え方などはないわけです。

同じように、それは聞こえの世界にもあって、ヒトはだいたい二〇ヘルツから二万ヘルツの間の音波を音として聞くわけだけれども、別に二万五〇〇〇ヘルツ、二万ヘルツの音が、音としての物理的な性質が違うかというと、そういうことはなくて、そこは連続体です。

実際、ヒトの耳が聞こえない三万ヘルツとか四万ヘルツの音をネズミは聞いています。われわれに聞こえない高い音を彼らは聞いている。だけど、ネズミに特殊な能力があるわけではない。「高周波音を聞く」という表現それ自体、人間中心的なモノの考え方がそう言わせているのであって、人間は可聴域がネズミに比べると相対的に低いほうに設定されているというだけなのです。もっと体の大きいゾウでいえば、二〇ヘルツ以下まで聞こえますから、もっと低い周波数帯に可聴域がずれている。

可聴域は体の大きさ、さらにいえば、それは両耳間の距離による。音の方向を見つけることが、音を利用して生きる上で非常に大きな利点になっているはずですから、生物が進化する上で、耳と耳との間を離して低周波音の位相のずれを検知して、音源を定位するという形で、音を利用するようになったと思うのです。その音源定位の仕方には二通りあります。もっと高周波音で、物理的に障害物に当たって音圧が減衰するというものを利用する生物もいる。両耳間距離によって、両耳に入ってくる音の位相差を手がかりに音源を定位する動物もいる。それぞれがそれぞれの環境に適応していくなかで、そういった形態を変えてきた。だから、ヒトはその進化の過程のなかで、こういう範囲を可聴域とし、こういう可視域とする、そういう動物なのだと考えると何も不思議なこともないし、ほかの生物との連続性のうえで、進化のシナリオを納得のいく形で理解できるのではないかと思うのです。

そこで、チンパンジーとヒトとでいえば、約三五億年の生命の歴史を考えると、九九・九%、同じ時間を過ごしてきたのだから、ほとんど同じで構わないわけです。ただ、この五〇〇万年の間、違う暮らしをしているなかで、彼らは明らかに少し違ってきた。三〇メートルの高い木にもススッと登り、一〇メートルの高さからもピョンと飛び下りる、そういうわれわれよりもすばらしい運動能力を持って、森のなかで自由に暮らせる生き物になった。その世界では逆さまにぶら下がっても、世界が逆さまに見えては困るわけです。

そういうふうに、彼らには彼らの自然認識があり、われわれと違ってきている。今ようやく科学的客観的な方法で、そういう認識の違いにアプローチできる入口に差しかかってきたのかなと思います。

松本　そういう認識の違いを認めた上で、自然現象にアプローチしようとする姿勢は本当にすばらしいことだと思いますね。特に自然科学は人間中心で、いろいろな自然認識をやってきている。先生のご研究から、動物は動物で逆さにヒトの顔が提示されてもすぐわかるというのはすごいなしか、ネズミの可聴域の範囲が広いことも、それってすごいなとか、人間の尺度から自然現象を見て、人間の尺度でそれらの現象の価値を判定してしまうわけです。それはネズミとして、自然環境のなかで進化の過程として生得的に備わった性質で、ネズミはネズミ、チンパンジーはチンパンジー、人間は人間である、ということがまず出発点で大前提であると思います。

そういうなかで、どうやって自然をとらえ、共存していける部分は共存し、共存できない部分はどうするか、との問題に対応し、時には対決していかなくてはならないのでしょうね。松沢先生の研究のなかからこれらの問題に立ち向かうための科学、哲学観が得られるのではないでしょうか。

松沢　ジェーン・グドールさんという野生チンパンジーの研究を最初に始めた方は、チンパンジーはヒトとほかの動物への架け橋だということをおっしゃっている。チンパンジーへの理解が、ヒト以外のほかの動物への理解に進んで、それらが生きている環境系の理解へと進んでいく。そして、ローレンツ博士のアクアリウムじゃないですけど、一つの閉鎖系として地球環境がある。これは誰しも納得する部分だと思うのです。

そういう、まさに文字どおりグローバルな視点で、ヒトとヒト以外の動物の共生のシステムを考えることはとても大切だと思うのですが、ぼく自身、今何か積極的にこうしましょうとか、これが正しいとか、言うのは難しいですね。

相手の文化を知ることが共生への道

松本　ところで、ゴリラは一般的に怖いですよね。近くで見たこともありますが、やっぱり体が大きいし慣れていないから。檻を挟んで見るからいいのだけど、実際、握手したり抱き合ったりというのは、とてもじゃないけど躊躇してしまうでしょう。だから、ゴリラを最初から育てれば人間と共生できるようになるかもしれないけれども、それは人間のなかにゴリラを引き入れてしまうことで、ゴリラじゃなくなってしまいます。ゴリラはゴリラで、人間は人間で、だけど共生するということは、そういう世界はできるものですかしらね。
松沢　できるし、やらなきゃいけないことだと思います。まずクセノフォビア、つまりヒトには広く「よそ者嫌い」という現象があります。自分と同じでないものは嫌いなのです。新しいもの、新奇なもの、珍奇なものに対しては畏怖心が生まれる。異形のものというのですかね。だから、たとえば「ゴリラは怖いじゃないですか」という考えが生まれる。同じことが、見慣れていない人種間でも言えてしまう。それは知らないから怖いのです。相手のことをよーく知れば、同じヒト、あるいはエイプ、同じ動物なのですよ。

ところが、ヒトは差別する生き物ですよね。人種差別をする。ましてや動物は差別する。そこに好んで違いをつけようとする。他を差別することで自らのアイデンティティーを確立しようとする。つい五〇年前までは、人種間ですら優生・劣生を問う部分もあった。もちろん、今の人種は問違いなく、その起源はそんなに古いものではなくて、ヒトは皆、ホモ・サピエンスで、そこに知性の違いは認められない。それはぼくは科学的な真実だと思うのです。違いはただ、文化の違いです。

ちょっと話は横にそれますが、アメリカで二年ほど暮らしていたときのわたしの先生はデイビッド・プレマック先生という有名なチンパンジーの研究者なのですけど、その先生に師事してペンシルベニアで過ごしました。先生は駅で誰かの隣に座るときは必ず「ハロー」と声をかけながら座る。そのとき顔はスマイルで、かつ背中はやや丸めて、ゆっくりと近づく。あるいは「ハーイ」と声をかけながら、ゆっくりと相手の顔を見て、スマイルを作って座る。それがアメリカの文化です。日本みたいにいきなり駅のベンチのところへスーッと近づいてきて隣に座ったら、アメリカ人はギャッと飛びのくか、急いで拳銃を用意します。だってそういう文化なんだもの。

日本人は日本人で、意識する意識しないにかかわらず、日本の文化での出会い、挨拶の行動、しぐさを身につけているでしょう。同じようにアメリカ人はアメリカの現状、文化的な背景のなかで、ヒトとヒトが出会い、挨拶し、ベンチの横にかけるときはこうしなければいけないというマナーを身につけているわけです。だから、そういう行動上の規約、約束ということを知らなければいけないわけです。それを知りさえすれば、向こうも適切に答えてくれる。そうじゃないと、静かに近づいてきて、いきなり座ったら、異形のものだから、向こうも怖いわけです。こちらはこちらで、体格の大きな西洋人などは、ちょっと怖いと思ってしまう。

同じことだと思うのですよ。ぼくは野生のゴリラを直接、研究したことはないのですけれども、チンパンジーでいえば、野生のチンパンジーも飼育下のチンパンジーも相手にしていて思うのは、彼らは彼らの生得的な制約と、それぞれの場所で生まれ育った文化的な制約で生きているから、彼らには彼らのやり方があるわけでしょう。

ヒトを含めた霊長類の全体的な共通性でいったら、体を大きく見せるのはいばっている印で、逆にちょっとすみませんと背を丸めて相手に近づくのは、服従あるいは敵意がない姿勢だから、そういう姿勢を取らなければいけないのです。二本足で立って、体をいからせて目線を高くしたら、それは見下す、にらみつけるという形になるから、ちょっと目は伏せて、体を丸めて、ソッと近づいていく。そのときにチンパンジーだったら、下位のものが上位のものに近づくときは「オッ、オッ、オッ、オッ……」というパント・グラントと呼ぶ声を出すわけですが、そういう声を出して近づく。あるいは毛づくろいをしてあげるときには、カチカチカチと歯を鳴らして今はまだ毛づくろいを続行しますよというような意志表示をする。

松本　それは連続にずっと出し続けるんですか。

松沢　はい、口をパクパクしますね。それは、まだわたし、毛づくろいをしたいのですけど、という意味を表しているのです。そういうふうに、チンパンジーがやるしぐさ、身ぶり、声にはそれなりの意味があるわけです。そういうものを読み取って、自分もそれを利用すれば、異種間のコミュニケーションは難しくないわけです。というか、できるわけです。

だから、世のなかにはネコ語がわかるとか、イヌ語がわかるという人がいて、ぼくは不思議はないのだけど、イヌよりもネコよりも、チンパンジーは圧倒的にわれわれと近縁な種だから、ぼくらはかなりチンパンジーになることができる。ぼくらがイヌやネコになるのは難しいけれど、チンパンジーにならなれるし、チンパンジーもヒトになれる。

そういう部分を多く持っているわけです。

ゴリラもそうです。ゴリラは七〇〇万年から八〇〇万年ぐらい前にヒトの流れと分かれたのですけど、チンパンジー、ヒトから見れば、その次に近い生き物です。だから、ぼくの研究所でいえば、山極寿一さんという人がゴリラの研究で世界的にも有名な方なのですが、彼は「グプッ」とか声を出すのです。ゴリラが近づくときの、ゲップに似た音を非常にうまく真似をする。

「お釣り」という言葉で別れた夫婦

松本　なぜそんなことをお聞きしたかといいますと、人間でも学習によって、多くは生まれ育ちによって、一つの行為に関する、あるいは言葉が脳から引き出す意味が違うじゃないですか。

たとえば、「カタツムリ」という言葉を聞いて、かわいいという感情が引き出される人もいるし、おいしいと思う人もいるし、気持ち悪いという人もいる。脳研究の立場から、言葉や行為それ自身に意味はなく、それは脳から意味を引き出すための検索情報として使われるもの、といえます。引き出される意味は、だから同じ人間でも文化によって差があるし、同じ文化的背景でも、そのなかの生まれ育った環境で非常に違ってしまう。われわれが人との付き合いのなかでお互いにわかりあえない理由の一つは、脳の情報処理のこの特徴にあるのではないか、と思っています。

長年連れ添ってきた仲の良い夫婦に起こった実際の話として、「お釣り」という言葉が、大変な誤解を招いた例があります。あるとき、奥さんが旦那に買い物を頼んだ。旦那は買い物を頼まれて帰ってきて、頼まれた物を渡して自分の部屋に戻ろうとしたら、奥さんが、

「あなた、お釣りは？」

と聞いたらしいのです。旦那は後から、なんであんなに自分が怒ってしまったかわからないと言っていたのですが、その一言で逆上してしまって、二十何年来、非常に仲良く、良い夫婦として連れ添ってきた奥さんを、罵倒してメチャクチャ言ったらしいのです。それがあまりにもひどかったので、今度は逆に奥さんが旦那に非常に不信感を持ってしまった。脳の連想記憶の特徴は、ある人を嫌いになると、嫌いという感情がその人の持つ属性全般に及ぶことになってしまうので、今までそのしぐさがかわいらしいと思って見えたものが、今度はそのしぐさが嫌いという感情と結びついてしまうので、旦那の何もかもが嫌になってしまう。こうして、このご夫婦は、「お釣りは？」のたった一言で、その関係が悪化してしまった、というのです。

じつはこの旦那さんは、小学校三年生のときにお父さんから買い物を頼まれて、お釣

りをネコババしてしまったことを、カウンセリングを受けて思い出したとのことです。「お父さんにお釣りをネコババしたことを告白して、お釣りを返したいと何度も思いながら、とうとうそのようにできず」、半年、一年経つうちにこのことはまったく忘れてしまった、というのです。しかし、カウンセリングではハッきり思い出したわけですから、このことが記憶から消し去られていたわけではなく、時間が経つとともに単に思い出しにくくなっていたに過ぎないことがわかります。「自分は嫌な男である」ということと「お釣り」という言葉を連想記憶として、それを脳内にため込んでいたのです。

脳がこのような内部記憶を作っていて、この記憶を形成した状況に近い状況で「お釣り」という言葉を聞くと、その言葉で昔のその記憶が引き出されてきます。奥さんは単に、

「お釣りはどうしたの？」

と言ったにもかかわらず、内側から出てくるのは自分は嫌な男だという感情も同時ですから、

「あなたは嫌な人ね」

と言われたのと同じことになってしまった。このように言葉や行動そのものには意味がなく、脳から意味を引き出すものですから、特に過去に怨念とか、いろいろな言葉や何かにある経験を持っている人に、こちらとはまったく意図の違う解釈をされるということ

とは、いっぱいあります。

だから、アイちゃんみたいに、非常に豊かな愛のなかで育ってきて、ヒトを疑うことのない環境でやってきたチンパンジーだと、それは安心だけど、野生のばあいにはどうだろうと思うわけです。ちょっとしたしぐさ、たとえば肘を掻く。そういうところを掻いたときに、ほかのゴリラから徹底的に打ちのめされたという経験を持っていたとすると、オレはちょっとかゆいから掻いたに過ぎないと思ったのに、向こうとしては、これから攻撃が来て、やっつけるしぐさだというふうに取られかねないでしょう。いきなりあのゴリラのでかい手で頭をガツンとこられるような、今非常に良い関係だったのにもかかわらず、そういう状況がまま起こりうることだってありますよね。

だから、本当に信頼できる関係を、人間のばあいなら、大脳新皮質の認知情報処理系がある程度の社会性を獲得してそれを抑制するということで、まま対応しているわけです。そういう仕組みは知らなくても、そういう感情は起こっているけれども、それをやってしまったら自分の立場を全部失ってしまうから、それは抑えるというので過ごしているばあいが、社会生活のなかでは通常のこととしてかなりある。だけど、大脳新皮質系が発達していない動物では、古皮質の直情判断でストレートな行動として出力し、社会性が訓練されにくいばあいには、それは原始的な形で訴える。正直でいいのですけどね。それだけ、本音をしっかり育て上げない限り、抑制という隠し立てがとりはずされているだけに行動がストレートで、社会を動物との間に作ることは難しいでしょうね。だから、生まれ育ちのトレースまでしっかりしていない動物と、直接、交渉なんかはとても危なくてできないという危惧感がぼくには最終的には残るのじゃないかと思う。それは人間社会のなかでも同じ問題はあるが、単に言葉として表面に露呈しないだけで相変わらず問題の本質は同じで、動物だけの問題じゃないのですけどね。

松沢　そうですね。一緒に生まれ育つという必要はないけれども、相手に関する知識として、そういう存在はある場所ではどのように振る舞うのかということに関する知識をしっかり持っていなければいけないでしょうね。その知識の下に自分の側の行動を調整することができればいいということです。

松本先生がおっしゃったように、「お釣り」の話の機構は、パーソナル・ヒストリーにさかのぼると説明できるわけですよね。同じことがもっと普遍的にあって、「うめぼし」と耳元でささやかれると……。

松本　酸っぱくなりますね。

松沢　ちょっと何かジュワーと……。

松本　抑えられないでしょう。

松沢　抑えられないですよね。ただし、それは日本人だけであって、アメリカ人の耳元で「うめぼし」と言っても、別に唾液は出ない。

それははっきりと生得的な何かがあるわけじゃなくて、生まれてからの経験で、じつはノーベル賞をもらったのだから大発見なのだけど、パブロフが条件反射と名付けたものですね。条件反射というのは訳語がよくないので、反射条件付けというべきなのですが。生得的な反射を基盤にしています。酸を口に含ませるとジュワーと唾液が出る。酸っぱい物を口に入れたらジュワーと唾液が出るのは反射です。「うめぼし」という色、形が唾液を出すことはない、「うめぼし」という音、音が唾液を出すことはないのだけれども、色とか音とか、反射と同時に提示されていた条件刺激というものが、直接的な無条件刺激で引き起こされるところの唾液をジュワーと出す無条件反応を引き起こす。そういうことですよね。「お釣り」の例も同じです。同じように、今の例で言えば、ある種の不快感、不快感の基になる何事かがあった。だからその不快感は不快なことをすれば引き起こされるわけだけど、それとともに印象として残っている付随する条件でも引き起こされるようになる。

そういうパブロフ型の条件反射＝反射条件付けは、脊椎動物のレベルで広く見られるものです。個体のライフ・ヒストリーのなかで、環境にうまく調節できるように、それぞれの個体が出会う環境のなかで、「うめぼし」とささやかれるとジュワーと唾液が出たほうが適応的な状況はいくらも考えられます。そういうように、脊椎動物のレベルで獲得した学習のメカニズムなわけでしょう。それはもちろん、ヒトにも備わっているし、チンパンジーにも備わっているし、ネズミにも備わっているわけですけれども、日常生活のなかでそういうレベルの学習をたくさん身につけていきます。ですから、ヒトはいわば、パブロフ流の見方をすれば、いろいろな形での恣意的な条件反射を歴史のなかで積み重ねてきた生き物だと思うのです。

ただそのときに、日本人として生まれ育つと、どういうものに条件付けられてきたのか、アメリカという文化で育つと、どういうものに条件付けられて、どういう刺激がどういう行動を解発するようになっているかということの知識が十分にわたしの側にあれば、それとうまく対応できます。

同じように、皆はチンパンジーやゴリラと一緒に暮らしていない。確かにそこには無意識的に正しい解決が述べられていて、一緒に長く暮らしていればわかるのです。一緒に長く暮らすということは、知識として教えられなくても、こういう状況ではこの人はどんなふうに振る舞うのかということがわかってくるわけですから、それが唯一、正しい解決なのですけど、たとえ一緒に育たなくても、この生き物、この存在は……。

松本　でも、その夫婦は長く一緒に……。

松沢　だから、その夫婦は長く一緒に暮らしても、その前の非常にクリティカルな「お釣り」でガーンとなったその時期のことを共有していないわけでしょう。だから、暮しのなかで非常にキイになる重要な部分についての知識が欠落していたわけです。

だから、そういう知識を持てば、ヒトも、あるいはヒト以外の動物でも、われわれと同じようなメンタリティがあって、環境からのいろいろな情報を取得して学習して、それぞれの個性を作り上げているのだということがわかり、その具体的で個別的なその人、そのチンパンジーについての歴史を知っていれば、ぼくはちゃんと対応できると思うのです。逆に自分の研究にそれを照り返して言えば、アイとだけじゃなくて、今一〇人いるチンパンジーのうちの七人までとは同じ部屋に入って遊べるのです。

松本　すごいですね。

松沢　大人になったチンパンジー、すごい犬歯ですよ、長さ一・五センチぐらいあるような。世界中を見ても、大人のチンパンジーと同じケージのなかにいるという人はほとんどいない。それはもちろん長い間かかって、知り合ってきた、関係を作ってきたから。それは一面の真実なのだけど、ぼく自身でいえば、単に物理的な時間を一緒に過ごしてきたというのではなくて、あ、こういうときはチンパンジーはこうするのだ、ああいうときはチンパンジーはこうはしないんだ、ヒトと随分違うな、とわかってくる。ヒトでいえば、一瞬にしてプッツンと切れる。松本先生を一〇〇倍ぐらい過激にしたような存在なのです。なんでここまで怒るかという感じの怒り方をチンパンジーのオスはするのです。

所有の概念からわかるマナーもある

松沢　たとえば所有の観念も違います。ぼくらだったら、相手が持っているものをその手から受け取っていいばあいも多いのですけど、間違ってもチンパンジーが手に持っているものを取ろうとしたらいけません。それは非常に攻撃的な略奪という以外の意味をチンパンジーは持たないのです。

だから、それはどんなに慣れ親しんだチンパンジーに対してでも、十分に物乞いするしぐさ、相手のあごのところに手を持っていって、あるいはほしい物にグッと目を近づけて、それで相手が握っている手をポロッと緩めてくれるまで、それを受け取ってはいけない。なぜなら、物を気安く受け渡すという社会的な関係、ルール、そういった行動の規範を、母と子というような間を除いてはチンパンジーは持っていないからです。

そういう生き物なのだということを知っておかなければいけない。そういうことさえ知れば、チンパンジーと同じ空間を占めて、同じケージのなかで暮らすことができるし、一〇人のうちの七人とは一緒に遊べるようになる。

松本　でも、人間も基本的に同じでしょう。そういうふうにグッと握っているのを奪ったら……。

松沢　でも、仕方がないと思うこともある。

松本　つまり、チンパンジーは価値に関してはもっと素朴で、自分の物は自分で持っていたい。自分がほしいというものを他人が無理やり取ろうとすることは略奪である。人間だって同じだと思うけど、相手が略奪しても取りたいという物なら渡したほうがこのばあいはいいとか、人間はちょっと利口であるがために、奪われることは第一義的に嫌だけど、奪われたことから得られる第二義的報酬を計算して行動する。それを取り引きの材料にしてしまう……。

松沢　程度の問題で、チンパンジーのばあいにも、そうした取り引きはごくまれなのだけど、ないわけでもないのです。たとえば同じチンパンジー属のボノボのばあいには、彼らの社会システムのなかにセクシャルな行動がしっかり組み込まれているから、何をするにもセックス、老若男女すべての組み合わせで、あらゆる形の、ヒトが想像し得るすべてのセクシャルな行動をするのです。セックスを媒介とした物のやり取りもする。だから売買春がある。たとえば、食べ物がほしいとして、セックスをすれば女性は男性が持っている食べ物を持っていけるというね。

松本　それも報償系としての第二義的価値による行動でしょう。

松沢　明らかに食べたいのだけど、手でもぎ取るんじゃないのです。そこにワンクッションおいて、性的な行動において取り引きがあって、それによって相手が持っている食べ物を手に入れる。

松本　人間はそれがもっと複雑に絡み合って……。

松沢　洗練されてね。

松本　だけど、いちばん腹の底ではやっぱり許していない(笑)。

松沢　そうでしょうね(笑)。

松本　そこに人間社会の複雑さの起こり得る要因がある。だから、チンパンジーとか、もっと下等動物のほうが付き合いやすいと思うのですが、それがあらわな形で出るだけに、規則としてどういうことだけをちゃんと守れば、チンパンジーと付き合えるか、が普遍的にあらかじめ知り得るのだとすると、チンパンジーとはむしろ付き合いやすいかも知れませんね。

「お釣り」の例が教えてくれることは、奥さんとの信頼関係があったればこそ、あれだけ怒ってしまったわけです。お父さんという非常に信頼していた人を裏切ってしまったという自責の念が、自分はなんと悪い人だろうという気持ち、怨念を残させて、「お釣り」という言葉と結びつけてしまっている。だから、本当に信頼関係がなかったら、「お釣り」という言葉を奥さんから聞いても、そこまで記憶が掘り出されなかったから怒らなかったはずです。

そのくらい、人間のばあいの記憶構造は動物に比べると複雑というか、認知情報処理系が複雑に働いて、取り引きを含めて価値体系を自分でセットしてしまうから、物事を複雑にさせる。チンパンジーはわりに人間に近いけど、そこまで複雑ではない。だからこそ、むしろ付き合いやすいかもしれない。人間は複雑なだけに、非常に危ないと思う。あるとき、想像できないところで、プッツンといく可能性が高い。

松沢　ただ、人間は人間をお互い同士知り始めて、何千年、何万年一緒に来ています。だから、その間に無意識的ないろいろな実験というものを知識として受け継いで、かつ松本先生でいえば五〇年人間というものをやってきて、そのなかで人間についてたくさん知っていますよね。

松本　いや、たくさんは知っていないよ(笑)。

松沢　だけど、ヒトとチンパンジーでいえば、ジェーン・グドールさんが野生チンパンジーの研究を始めたのが一九六〇年ですから、まだ三六年間しかチンパンジーについて、人類総体としての経験がないのです。だから、人間は複雑で、人間以外の動物はそうじゃなくてとどうしても思いがちだけど、ぼくが思うのは、繰り返しになりますが、まず人間と動物という二分法はできないということです。

確かに、ヒトという種の大脳皮質がヒト以外の種よりも体重に比して大きいとか、相対的に皮質が発達している。あるいは特に連合野と呼ばれるところの領域が大きいとか、そういったことは当然だし、それで複雑な行動を可能にし、あるいは記憶範囲を大きくしている。それは認めます。

けれども、だからといって、たとえばチンパンジーがよりシンプルに理解できるか、よりシンプルな系かというと、それはないと思います。ネズミがもっとシンプルかというと、それもないと思います。たぶんそれは何かを一次元上に射影したときには単純か複雑かという、そういう次元はできると思います。ちょうど大脳皮質の大きさとか連合野の大きさを指標として、知的な振る舞いの源を一次元上に射影すれば、そういうことはあり得ると思います。けれども現実は、ネズミはネズミの世界を作って暮らしているわけだから、随分違った、われわれには理解しがたい複雑な系なのです。

チンパンジーも同じように、そういう複雑な系だから、少なくとも高等とか下等という言葉を、ぼくはいっさい、使わないようにしているのですけど、高等、下等というのは何を基準にするのかが難しい。昔は高等霊長類とか下等霊長類といった。でも、よく考えると、高等とか下等に当てはまるようなもの、そういう実態や基準は何もないのです。

そうすると、高等、下等ということはないし、人間が上等かというと、上等なことはないです。ヒトというのはどういうサルなのか。ヒトというのはどういう霊長類なのかということは考えなければいけないけれども、そのときに、ニホンザルの上にチンパンジーがあって、チンパンジーの上にヒトがあるというのは、どういうふうに考えても、そういう評価はできなくて、ただ違う。同じところもあるし、でも違うところもある。そのわずかに違うところで考えて、確かに姿・形が違うように脳の構造に違いがあるでしょうし、行動上の基盤でいうと、松本先生のおっしゃった「お釣り」のエピソードに示されるような、心的なメカニズムが起こることは確かにヒト的です。

けれども、さっきの「うめぼし」の例で申し上げたように、学習の機構それ自体はヒトに固有ということはなくて、ヒト以外の霊長類、ヒト以外の脊椎動物も持っているはずなのです。

人間は高次で複雑だが基本は変わらない

松沢　ただし、ヒトのばあい、そういうセットの数が非常に大きい、あるいはそういった条件付けられたものがさらに条件付けられるとか、そういう階層的な構造を考えるといちばん如実に現れますが、いくつものレベル、あるセットのものが集まって別のセットを作る。そのセットが集まって、さらに高次のセットを作るということがある。

記憶の例がいいですね。松本先生が相手だと釈迦に説法になってしまいますが、たとえば×○×○○○××○○×○×××という○と×の系列があるとする。これをすぐにおぼえろといっても、普通の人にはなかなかおぼえられない。だけど、これが記憶の達人だったら……。

松本　○と×を二進法の1と0にして、全体を数にしてしまいますよね。

松沢　これを2(×○×)、7(○○○)、1(××○)、5(○×○)、0(×××)とおぼえる。2、7、1、5、0とコード化して記憶して、それをデコードすれば×○×○○○××○○×○×××が再生できるわけです。

○と×という次元で対象を記憶するわけじゃなくて、○と×の列を分節化して、このまとまりについては2、このまとまりについては7、このまとまりについては1というように、対象を高次のレベルに置き換えて記憶する。○と×でいったら一五個の系列をおぼえなければいけないわけですけど、そういう必要はなくて、2、7、1、5、0とたった五つをおぼえればいい。マジカル・ナンバー・セブン(記憶容量に関する魔法の数＝7)のなかに入るので、こういう芸当ができるわけです。

その種の記憶術というか、記憶をどのように構造化して縮約して脳に収められるかということは、認知科学で研究されている。そういうレベルでのヒトの記憶力のすばらしさは確かにチンパンジーにはない。チンパンジーにはそういう階層的な、どこまでも深く続く処理のシステムはたぶんない。

けれども、どの人もこんなことを日常生活においてやっているかというとそうではない。必ずしも階層化された知識や記憶の処理システムだけがヒトの社会生活を複雑にしているわけではなくて、チンパンジーが持っている情報処理のシステムでも十分に複雑な個性が作れるし、そういう個性と個性の絆を結んでできあがる社会のネットワークは十分、複雑になり得るわけでしょう。

松本　これだって、ヒトだからできるわけじゃなくて、三つの二進値をひとまとめにできる、そういう知識を持っていないと駄目ですからね。

松沢　できないわけですよね。

松本　それいったら、ほとんどのヒトはチンパンジー並みじゃないですか。

松沢　だから、ほとんどのヒトがチンパンジー並みだとして、そのほとんどのヒトとぼくは、その行動上、何も変わらないわけでしょう。ぼくが八進法や一六進法を使いこなしたからといって、ある特定の分野では何かアドバンテージはあるけれども、そういう能力において、何か一般の人とは違った生き物になるということはなくて、まあまあ普通の社会生活を営んでいたり、そこそこ社会的に不適合であったりするわけです。

だから、○と×の事象を2とか7に変換する、ある対象をシンボルに置き換えるという意味では、わたしの持っているこの知識は、対象を道具でもって操るというのと同じレベルの技術的な知性です。こういう技術的な知性において、ヒトの大脳皮質が非常に適応的な進化を遂げたのは、ぼくも間違いないと思います。

だけど、そのことと社会的な知性というのは、系統発生的には随分違う起源なんだよということを申し上げたわけです。ヒトの大脳皮質の進化によって進んだのは、この道具的な知性、道具を操ったり、シンボルを操ったりする部分であって、社会的な関係を調整する知性は別ですね。社会的知性は原猿類から、類人猿、ヒトまであまねく見られるのだろうと申し上げたけれども、逆にいえば、そこがヒトにおいてすごく進んだという積極的な証拠がないと思います。

チンパンジーだって、複雑な同盟関係を作って、ケンカもすれば殺し合いもします。チンパンジーの男性でいえば、その生活史において、あらゆるメスをぶったたいて、最初は負けて負けて負けて、そのうちに勝ったり負けたりするようになって、だいたい一〇歳から一五歳ぐらいまでの間に、あらゆるメスよりも上位になることによって大人になる。今度はその大人のなかで、男性同士の間でかなり熾烈な戦いがあるわけです。そうすることによって、チンパンジーの社会は成り立っているわけですから、ぼくらの目から見ても、かなり複雑な連合形成をします。

犬山の霊長研にはチンパンジー一〇人のひと群れがいて、誰かと誰かがごくささいなことからケンカを始めることがある。たとえば自分が松沢さんからもらえると思っていたバナナを誰ちゃんが取ったというような出来事だとしましょう。アイがもらえると思っていたのを、ぼくがたまたまペンデーサにあげてしまった。そこからそのペンデーサに向かってアイからケンカが仕掛けられる……。ペンデーサにゴンが味方する。するとアキラが突っ込んでくる。もうメチャクチャです。

松本　松沢先生にはケンカは吹っ掛けないんですか。

松沢　しないですね。

松本　どうしてなんですか。

松沢　やっぱり、別物なのだと思いますよ(笑)。

松本　そこはすばらしいですね。尊敬しているのかな。

松沢　チンパンジーがぼくを仲間と思っているわけではないし、アイが自分をヒトだと思っているわけでもなくて、自分らのことはちゃんとわかって、ただ違う人、あの人に逆らうとまずいなということがやっぱりよくわかっているのだと思います。

今申し上げたのは、チンパンジーのネットワークのなかで非常に複雑な連鎖反応が起こるということです。それこそ、一度、ケンカが始まったら、誰が誰を殴ったのかよくわからなくなる。でもよーく見てみると、それまでの積み重ねで、昨日あんなことがあったからとか、四カ月前からあの二人は仲が悪いからとか、そういうものが照り返された部分が見えてくる。

松本　それが引き金になるわけですか。

松沢　ええ、引き金になる。

松本　人間と変わりませんね。

松沢　ヒトとまったく同じか、ヒトより複雑かだと思います。ヒトのばあいにはある程度、くっつき合えば、ああ、あの人とあの人は仲がいいなとか、あの人とあの人はケンカしているな、とかわかります。

同じことがチンパンジーでもわかってくるのですけど、ヒトのばあいでいえば、ここをカツーンとやれば、あとのネットワークでどういう同盟ができるかかなり予測できるのに、チンパンジーのばあいには必ずしも予測できないばあいがあって、いやー、まだまだチンパンジーのことをよくわかっていないなと思いますね。

結論として言いたいのは、チンパンジーだからといって、ヒトよりシンプルなことはないし、人間だからといって、ほかの動物より高等なことはないということです。感覚、知覚のレベルでの研究を通じて得た人間の可聴域、可視域の相対性と同じように、知性の相対性でいえば、少なくとも社会的知性においては、ヒトはそんなに抜きんでてはいない。ヒトはヒト以外の動物とどこが違うかというと、たぶん道具的な知性、道具を操ったり、シンボルを操ったりする部分において、大きく違っているのではないかと思うわけです。

主観的な認識に客観性があるのか

松本　個性は、外部入力に対する対応が個々の生物で違うということですよね。対応が違うということは、作られた脳の内部世界の、入ってきたものに対する認識の仕方や価値のとらえ方が違っているということですよね。

松沢　その通りですね。

松本　先生はさっき自然認識に関して、逆さ絵の例で、ヒトとチンパンジーでは大差がない、しかし、差ももちろん大きいと言われた。それはまったくそうだと思うのです。ただ、もっと突き詰めて考えると、非常に個性的な動物にとって、自然はどう見えるかというと、経験で知った外部環境に対する内部世界です。だから、家がこういう形であって、それが脳でこういうふうに見えるというふうな、どう見えるかという問題設定はむしろ間違っていて、こういうふうに見えるようになってしまったから、家はこうなのだ。家というとまた変だけど、自然の木はこうであるというのは、そういう経験が決めることだという意味です。このばあいの経験というのは可聴域などの問題も含めてですけどね。とにかく、それぞれの経験が決めているわけだから、そういうふうに見えたから、自然がそうであるということではないわけです。

今まで科学は客観を標榜してきたわけです。自然の理解のなかに客観性がある。客観性は繰り返し再現し得るものである。しかし、それは人間が同じような経験を持っていればこそ再現し得るということになる。経験のベースを合わせておかないと、すべてのことは同じに見えないし、同じ認識に至らない。だから経験を共有していない人とは基本的にはわかりあえないというのがベースでしょう。

松沢　そうですね。

松本　わかりあえるというのは非常に珍しいことであると、逆に考えるべきですね。だから、自然の認識は、主観的であると考えるべきです。これに関してはどういうふうに思われますか。

松沢　それは、まさに自分が哲学しようと志したときからずっと引きずっている問題なのです。先ほど、大学の哲学は期待していたものと全然違うなという、そのことだけ言いました。じつはたった一つだけ、なるほどなと思う哲学の授業がありました。それは野田又夫さんという岩波新書で『デカルト』という本を書いている方の授業で、そのときの京大の哲学科哲学の主任教授でした。ですから、西田幾多郎、田辺元の系譜を引く、近代の哲学の碩学です。一生懸命研究した偉い先生です。

　その先生が哲学概論で、哲学のやらなければいけないことには二つある。一つは世界がどうなっているか、広い意味で世界がどうなっているかということを知ること。まさにわたしが知りたいことです。もう一つは世界はどうなっていてもいい、世界がどうであろうが、それはそうだとして、そのなかで人は、あるいはわたしはどう振る舞うべきかを知ること。強いて言えば、前者は物理的な世界に関する認識の問題です。後者はそういう物理的な世界にいる人間という存在がどう振る舞うべきかという価値観とか倫理観とか道徳とか、そういったことだと思うのです。

なるほど、それは確かにぼくがイメージする哲学というものの役割をうまく言い表していている。自分は二つあるうちの前者、世界はどんなふうになっているのか、その認識について勉強したいんだ。そういうふうにうまく位置づけられたのです。しかし、そこでランダム・ドット・ステレオグラムを体験して理解したことは、認識は、今まさに先生がおっしゃったように、主観的な認識、わたしがこう見ているということなのです。あの人がどう見ているということ、松本先生が世界をどう見ているか、別の人がどう見ているかということはうかがい知れない。

逆に言うと、疑えば疑えるわけです。だって、本当にこんなカラフルな色を見ているけれども、松本先生のなかに同じカラフルな世界があるかどうかは疑わしいでしょう。実際に男の人だったら、二五人に一人とか、色覚異常つまり色盲とか色弱と呼ばれてきた人がいるわけだから、全然、違った見えの世界にいるということもある。

松本　ぼく、色弱なんです。

松沢　あ、そうなんですか。

松本　赤緑色弱です。だけど、これは自然を二度、味わえるのです。遠くからだと赤と緑の区別が付かないのですけど、ある距離になるとパッと赤が見えてくる。だから、ツバキが咲いていますよね。遠くからだとツバキの木々がすべて緑に見える。しかし、ある距離になるとそのなかにオッときれいなツバキの赤い花が見える(笑)。

松沢　翌日、治るんだったら、ぼくもぜひ経験したいですけどね。

松本　何度経験しても、感動しますよ。

松沢　感動ですよね。だから、まさにでたらめな白黒の点の集まりでしかないランダム・ドット・ステレオグラムで、世界が突如としてガッと三次元的な奥行きを持って見えるように、違った見えの世界、違った認識をそれぞれの人がしている可能性があるわけです。

　ただ、デカルトという人はすごく賢くて、どこの教科書にもそういうことは書いていないけれども、デカルトが考えたことを自分流に翻訳すると、いろいろなことは疑えるけれども、自分自身が今こう考えているということは疑えないわけです。自分で内省してみて、自分は今こう考えている、考えている自分自身の存在はとりあえず疑えない。そういうところを基礎に考えるということを考え始めたのが、そのデカルトという人だと思うのです。デカルトから何百年か経って物事を始めるときに、デカルトと同じではは話にならないというか、今の哲学は訓詁学だから、デカルトはこう言った、カントはこう考えたとするわけだけど……。

松本　「くんこがく」というのはどういう……。

松沢　訓詁学というのは、字でどう書いてあった、つまり字を読む学問ということです。学問を軽蔑して、「あれは訓詁学だ」と揶揄する言葉です。古い書物に書かれている字づらを読んでいるのであって、書物の字づらになったところのプロセス、その思考自体を問題にしているわけではないとね。

ぼくはデカルトが考えたこと、認識するということはどういうことなのかということを科学的、客観的に研究したい。確かにそれぞれの認識は個体によって違っている。それを一律に自分がこう見えているからといって、相手もそう見えていると信じるのはおかしい。

そうすると、何とかそこをつないでいく方法、つまり色覚検査があって、赤緑色弱の人が発見できるわけです。まだらな色で数字を描いた図版を使って、

「この字、読めますか」

「はい、26と書いてあります」

というような検査です。皆、同じように見えていると思っていたら、じつは違う見えの人がいるということが客観的に取り出せたわけでしょう。

同じように、それぞれの内的な見えの世界、自分には確かにこう見えているのだけれども、それがほかの人、さらに現在でいえば、ほかの生物にどんなふうに見えているかというのを実証する。ポイントは、われわれ人間に理解可能な形で、つまり科学の要件

として、何度やってもそうなりますという再現性と、誰がやってもそうなりますという公共性が、少なくとも不可欠だと思うのです。だから、そうした再現性があり、公共性がある形で認識を取り出すことを心掛けてきたし、これからもやらなければいけないと思うのです。

松本　ところが、これも怪しい。なぜかというと、最初の点のところをぼくらの立場からいうと、認識は個性があって、内部世界が違うから、人それぞれだし、内部世界が見る外部に客観はない。そうすると、アルゴリズムは学習によって作られるから、それの比較検討はいろいろできてしまう。

　脳を理解することはアルゴリズムを知ることなのだけれども、それと同時に大切なことは、アルゴリズムを獲得するためのアルゴリズムというか、戦略、たとえば学習がこうあれば、脳と同じように外部状況によって情報を処理する神経回路がこう作られ、ああ作られということがあるような、そういう情報処理システムを作ることなのです。

　だから、できている脳をよく調べるのではない。脳を作る戦略としての学習という規則は遺伝で与えられているので、ネズミでもサルでもヒトでも基本的には変わらないと考えられる。そこで学習アルゴリズムをしっかりと理解して、それを素子に置き換えて表現し、その素子を元にコンピュータを作る。そういう脳の理解の仕方で脳を理解してしまおうとしているわけなんです。

もう一つ、再現性と公共性に関しても、脳は非常にオープンなシステムで、非線形系だから、言ってみれば、ちょっとした初期条件の作られ方の違いがものすごく大きい差になり得るシステムなのです。

そういう系には「カオス」という現象がある。カオスというのは混沌とかいうんですが、何が混沌なのかというと、決定論的な方程式に従いながら、初期条件のちょっとしか違わない差が将来的にものすごく大きい差になってしまう。そういう系がオープンシステムにはあり得る。脳は基本的にはこういう性質を持っているのです。まったく同じ遺伝子、戦略から出発していても、初期的なちょっとした条件が違えば、将来、大きく違ってしまうということがあり得るわけです。

たとえば再現性を実験する研究として、一卵性双生児をまったく同じ環境で同じような育て方をする。親が与える洋服から何から全部同じにしたとしても、何十年か先には、あるところは非常に大きく変わっていくという可能性は無きにしも非ずです。そうすると、再現性という問題に関してはチェックのしようがない。そういう系なので、同じように取り扱ったつもりでも公共性も失われる。天気予報が当たらないというのは、こういう系だからです。将来予測が成り立たない。だから人生はおもしろいといえるのです。

脳のばあいには、系そのものがオープンであり、アルゴリズム自動獲得で、それが環境要因によって非常に大きく左右され、それがまた外界を認識するというシステムで、外界の自然認識に対する客観性もわれわれには怪しいし、できていくものの再現性とか公共性に関しても非常に注意していないと、従来の科学観のように、物を扱ってきたようなやり方でやると、とんだ間違いを起こす。そういうふうに思っているのです。

松沢　松本先生のように作ろうとしている方だと、まさにそういうシステムをよくよく考えて、これは開放系だな、これは非線形になっている、それからアルゴリズムを自分で作っているシステムで、と脳はいわゆる物理学的なほかのシステムと簡単には置き換えられるようなものではないとおっしゃる。でも、そうおっしゃっている結論自体を、ぼくらのばあいは端から鵜呑みにできるわけです。

そういう意味で言ったら、松本先生がおっしゃっていることに対して、先生、そうですよ、その通りだと思いますと言い続けます。だって、ぼくらはそこから出発しているからなのです。たぶん、賛成できないのは、すごく優秀な神経生理学者たちでしょうね。わからないものを分析的に何とか解明しようとしている人たちは、そこで四苦八苦していますから。ぼくは、お話ししてきたように、認識それ自体を理解したいというモチベーションで研究しているわけですからね。松本先生のばあいは、今の神経科学の物理学的還元主義とは別の形で、まさに脳を作るという形で、脳と同じ働きをする工学産物を作ろうとしているわけですから、また別の意味で、確かに大変だろうなと思います。

第8章　脳よりも一〇〇万倍速く学習するコンピュータ

シナプスに残る記憶をトレースする

松本　学習ということに関していえば、ヘッブ型学習だけだとうまくいかない。たとえばさっき出た反射条件付けの実験でさえも、ヘッブ学習則だけではうまくいかないのです。なぜかというと、たとえばパブロフの実験じゃないけど、ブーというブザー音を与えるでしょう。ブザー音だけでは、たとえばネズミに関してはたいした刺激にならないです。だけど、そのあと電気ショックを与える。そうすると、一回限りでも、このネズミはブザー音が来ると、次に電気ショックが来るなという学習が成り立ってしまうわけです。

松沢　あと足を引っ込めるとか、ブルッと凍り付くとかね。

松本　それから血圧が上昇してしまうとか、そういうことが起こるわけです。

それがヘッブ型学習というのは、入力と出力の関係が同時期じゃないと、学習効果、つまりシナプスの重みづけを変更しないのです。だからブザー音と電気ショックが同時に入ったのならいいのだけれども、時間的にずれて入っても学習が起こるので、これはヘッブ学習則だけでは説明できないですよね。

神経細胞が強い刺激を受けたときに学習が成り立つ。それで強い刺激とは何かを考えたわけです。出力に至るほどの入力刺激があったときに、その入力刺激を強いと神経細胞は感じる、と考えたわけです。逆に、強くない刺激は出力を出さないのです。

しかし、強くなくても神経細胞に入力があると、入った位置のシナプス部に入力のあった痕跡は残す。たとえば、ブザー音が来たという痕跡はシナプスのところに残している。カルシウム上昇などの形で、シナプスのここに入力があったという痕跡は残している。その後、電気ショックが入ります。電気ショックは一回限りでも強い刺激だから出力を出す。出力を出したら、神経細胞は、電気ショックがあった時点より以前にシナプスに入力があったのではないかという痕跡をさかのぼって調べる機構があるはずだ、と考えたのです。痕跡は時間とともに減少するわけですが、出力があった時点で痕跡の残量がある値以上残っていれば、そこでの結合の強さを強化する。ある値以下だったら、むしろ減弱してしまう。それからもっと下だと何も変えない。学習則をこのような出力依存型にすると、ブザー音と電気ショックは非常によく関係づけられます。また、このような学習則によって初めて時系列に沿って起こる事柄を物事の順序として、神経回路の結合に表現できることになったのです。

それでは、本当に脳のなかの生きた神経細胞で、出力されるべき信号が入力の樹状突起側に逆伝播されるようなことが起こっているかが問題ですね。これについての解答もわれわれは、光計測の手法で確認しました。最初にこの生理実験結果を発表したのはわれわれではなくて、西ドイツとアメリカの学者たちです。彼らは電気生理学的な手法でこのことが起こっていることを見出しました。光計測では、神経細胞の二、三箇所に電極を刺入してこのことを確認するだけでなく、一万六〇〇〇箇所から神経細胞での情報伝達の様相が実時間に計測できるので、どこで出力のインパルスが発生し、どのような速度でどこにそれが伝播していくかを可視化できるので、さらに詳しい研究がおこなえます。このようにして、われわれは神経回路の構築が自動的におこなえる原理として、新しい学習則「出力依存型時系列学習則」を提案し、この提案の最も基盤となる出力から入力部へのインパルスの逆伝播が実際に神経細胞で起こっていることを明らかにしたのです。

そこで、この学習則を具備し、多入力を受け付けることが可能である人工神経素子をシリコン半導体技術で実現し、その人工神経素子が多数個結合した大規模ニューラル・ネットワークシステムが自動的にアルゴリズムを獲得する能力を持ち得ることを検証することを、現在進めています。このようにして、情報処理をおこなう仕方を自動的に獲得していくシステムをまず工学的に作ることが、脳型コンピュータ実現への第一歩であると思い、今やっているところなのです。

脳がこの時系列学習でアルゴリズム獲得をおこなっているというのは、心理的な実験からも理解できます。また、野口悠紀雄さんの『「超」整理法』(中公新書)という本が出ているでしょう。あれも、脳がこの学習則によって情報を獲得するという性質を考えると大変納得できるのです。というのは、この学習則では、ブーというブザー音の後に電気ショックを与えるので、ブザー音が来れば電気ショックを思い出すけど、電気ショックが来たからといってブザー音を思い出すことはない、という非対称性の神経結合が作られることになります。

すなわち、前に起こった事象によって後の事象が起こることを学習する、一方通行型なのです。だから整理も、ある事象が一つ強いものであれば、そこから過去の、その事象に関連するようなことに関しては、一つのまとまりとして時系列で起こった順序に関係づけられている。従って、一つの強い事象ごとにカテゴリーを作っておけば、これに関連することは全部、引き出せるという仕組みなわけです。

セル・アセンブリーとパブロフのイヌ

松沢　脳型コンピュータの構想について、もうちょっとお聞きしたいのですけど、ぼくの理解と先生の理解とちょっと違うのかなと思ったのが、パブロフ型条件付けに関するヘッブ型モデルと呼ばれるものの今日的意義です。

ドナルド・ヘッブはずっと前に死んでいるはずですけど、マッギル大学の心理学者で、ぼくら心理学者にとってみたら、すごい偉大な人です。なぜなら、たとえば感覚剥奪実験という、今日の宇宙遊泳する時代に先駆けての研究で、要するに宇宙空間でヒトがどういうふうに情報を受け止め処理するかということをやった人です。

ゴーグルを付けて、耳栓をして、手足を布ですっぽりと包みこんで、感覚入力を全部断ってしまったときに、どういう意識が成立するか。『ジョニーは戦場へ行った』(一九七一年・アメリカ映画)じゃないけど、手足をもがれても感じることができる感覚として重力感覚が残る。だから、大きな水槽のなかにヒトを入れて浮遊させた。まさに宇宙空間です。見えない、聞こえない、重さも感じない、そういった状況を作って、なおかつヒトはどういう意識を生じるかというのを実験的に分析した。こうして感覚が遮断されると、いわば意識が勝手に自走して、もはや正常な意識は保てないのだということを実験的に証明した人です。

一方で、空前絶後と言うべきだと思うのですが、「セル・アセンブリー」、「細胞集成体」と訳すのでしょうか、そういったものを構想した人でもあります。今のように神経細胞レベルの研究が全然進んでいないとき、心理学でいうと、知覚心理学、学習の心理学、発達の心理学、社会心理学、記憶心理学、それぞれ個別に研究対象があったときに、じつはたとえば知覚するということと学習するということは同じことなのだと主張した。知覚することも学習することも記憶することも、セル・アセンブリーという概念、数千とかの神経細胞の集まりを考えて、入力情報を保持するセル・アセンブリーというものがあって、必ずそこを通して出力されるという一つのモデルを提案しました。知覚なり学習なり記憶なり、われわれが呼んでいるところの心理現象のすべてが、脳内の神経細胞の集合体で表現されているはずだという着想です。

松本　基本的にはまったく正しいと思います。

松沢　現実の科学研究はそれを後追いする形で進行しています。デイビッド・ヒューベルとトルステン・ウィーセルのばあいでも、最初はシングル・ニューロンの受容野の刺激特異性を見出したわけですが、最近ではそういったニューラル・ネットワークを考えています。

一方では心理学からの関与でいうと、デイビッド・ラメルハートなどのいわゆるコネクショニズム、並列分散処理(ＰＤＰ)モデルというのが画期的だったと思います。それまではパブロフ流のレスポンデント条件付けでも、スキナー流のオペラント条件付けでも、条件付けは刺激と反応の連合と考えていたわけです。けれども、一対一対応的な連合ではなくて多対多対応的で、入力と出力を超並列分散処理するような処理システムのモデルが出てきた。まさにそれは神経細胞レベルではヘッブが言ったセル・アセンブリーだと思うのです。それが、ニューラル・ネットワークという言葉で今日的には表現されている。

松本　セル・アセンブリーと言っても同じだと思います。

松沢　同じですよね。そのニューラル・ネットワーク、神経細胞レベルでいえばシナプスを介しての神経細胞間の結合をどのように重みづけるか。逆伝播が必要ですねとか、神経細胞間のネットワーク、超並列分散処理していくときのネットワークの実態がどんなふうになっていますか、というところまで問いが具体化されただけであって、ぼくはヘッブが言ったマルチ・ニューロンのネットワークによって、知覚も学習も記憶も一元的に処理されているというアイディアは十分に生きているのではないかと思うわけです。

松本　それはまったくヘッブのアイディアと同じです。それをもう少し概念的に言いますと、われわれは学習で内部世界を作るでしょう。内部世界というのは、計算機でいうと、獲得したアルゴリズム、ということです。

松沢　今の話につじつまを付けておくために続けると、ヘッブの感覚遮断実験が優れてヘッブ的だと思うのは、入力情報を断つというアイディアなのです。入力情報を断ってしまっても、そういうネットワークなわけだから、何もなくてもフリー・ランするわけです。だから、出力が出てきても不思議じゃない。そこに入力が正常にあったばあいのわれわれの正常な知覚認知世界とは違う、幻覚を見るとか、幻聴を聞くといったようなことが起こることは、ヘッブ的な中枢機構の理解によってこそうまく理解できると、ぼく自身はそう理解しているのです。

松本　ぼくらもその点に関してはヘッブの考え方に立っています。内部世界を作るということはもっとわかりやすく言うと、われわれは学習で先に答えを用意しておくということです。ぼくは計算機屋だからコンピュータとの対比でいつも考えてしまうのですが、今のコンピュータは入ってきた情報を逐次処理して、プログラムにそって答えを出し、データを必要としたばあいにはメモリから引き出して答えを出す。こういう逐次処理が基本なわけです。

だけど、脳は先に答えを学習で用意してしまう。入ってきた外部情報は、その答えを引き出すための引き金に過ぎない。入力情報はどの答えを選ぼうかなという検索情報として機能するのであって、入力情報がアルゴリズム(プログラム)に従って処理されるコンピュータのばあいとは違います。逆に脳は、入力情報によって何か出力としてとり出されるものがないと、フリー・ランして選択されるべき方向性が決められないことになります。これが感覚遮断実験によって実際に起こる奇妙な体験となるのだ、と思っています。自分として出力しなければいけないだけの入力刺激であるという判断があると答えを出してくる。

脳が出力を出す動機は三つある、と考えています。第一は、前にも言いましたが、入力情報が第一義的価値があると判定されたときです。同じく第二は、入力情報の第一義的価値は認められないが、第二次価値判定で価値を認めるときですね。報償系の回路による判断といえます。第一は好きと認めて、言動出力するのに対し、第二ではせざるを得ない、頑張りでおこなう、ということです。第三は、繰り返し繰り返し情報入力を得ると最終的には出力を出すようになりますね。これなどは、洗脳の手段ともなるでしょうし、変わりたくない自分を変えるときに用いる手段です。

いずれにしても脳は、入力情報がこれらの三つの条件のいずれかに適うとき、何らかの出力を出し適宜な対応がおこなえるので、やわらかい情報処理システムである、といえるのです。出力が出ると学習効果が生じますので、答がそれによって書き変わるダイナミックなシステムです。繰り返しますが、外部から脳に入力される言葉や行動は、それ自身ではまったく意味を持たない。意味はすべて自分自身の内側(脳)から引き出されるものにある、というのが、われわれの脳研究の立場です。

この結果、神経細胞のネットワークに情報の処理の仕方が表現されるわけです。そのネットワークを作っていくという戦略に対するわれわれの提案する学習則が、ヘッブの学習則もじつは包含しているのです。というのは、入出力の起こる時間が一致しているばあいに、最も強く強化されるので、ヘッブ則が働いているのです。

このような性質の人工神経素子をネットワークして、アルゴリズムが自動獲得できるシステムを半導体で作っているわけです。そうすると、素子のスピード程度に計算時間を進められるでしょう。その結果、ミリ秒の神経細胞をナノ秒の半導体に置き換えると、ナノ秒程度にパターン認識ができるということが将来できる可能性があるわけです。

松沢　脳より進んだ脳型コンピュータができると……。

松本　原理的には学習スピードも一〇〇万倍速くなります。だから、われわれが二〇年、五〇年かかって学習してくるものが、学習則をうまく供給できれば、それの一〇〇万分の一で学習することができるようになる。

松沢　実際、計算という課題においては、そういうことがすでに実現されているわけだから、自分でアルゴリズムを作っていくような学習課題においても、実際、それがシミュレートできるようなシステムが作れていれば、原理的に一〇〇万倍速く学習する、そういう機械ができるんでしょうね。

松本　そうです。今ようやく半導体でチップができて、そういう実証がおこなわれたところです。このような脳型コンピュータの研究開発はまた、今までお話ししたように脳の理解についても現在の脳研究とは別の視点で新しい進歩をもたらしてくれるものと思っています。

第9章　個性豊かな学習

自責の念にかられる二〇年前の出来事

松本　アイちゃんが研究所にやって来たときの状況はどうだったのですか。
松沢　アキラと一緒にやって来ました。マリを加えて三人ほとんど一緒に。
松本　アキラ君ときょうだい(兄妹)なんですか。
松沢　きょうだいじゃないですね。

こういうたとえは、ちょっとしたたとえるのも胸が痛むのですが、約二〇〇年前の黒人奴隷狩りに近い状況だった。チンパンジーの研究の最初の時期に、そういう暗黒の時代があったと思います。今チンパンジーは「絶滅の危機に瀕した種」ということで、一般にはワシントン条約と呼ばれている「絶滅のおそれのある野生動植物の種の国際取引に関する条約(CITES)」があって、産出国、いわゆるアフリカ諸国からチンパンジーを勝手に持ち出してはいけないようになっています。だけど、アイが来たのは一九七七年、日本がそれを批准する一九八〇年以前のときでしたから。

アメリカなどではエイズなどの研究、その前ですと、肝炎の研究などにチンパンジーが使われていました。ヒトとほぼ同じ生理的なメカニズムを持っているわけですから、そういう臨床実験の素材として重宝なわけです。それで需要はあった。あるいはちょっと前でいうと、ヒトが宇宙へ出る前にチンパンジーが宇宙へ飛び出して行っていますよね。

そういう意味で、実験動物としてチンパンジーを見るという時代がかなり長くあって、そのときには良心の呵責のようなものを研究者があまり感じることなく、チンパンジーを大型のネズミだ、大型のサルだという感覚で輸入していた時代があったと思います。

ぼく自身、二〇年前、研究を始める時点で、チンパンジーのことを何も知らないわけですから、大きなサルだなという感覚から始まったわけです。でも、現在でいえば、チンパンジーはサルというよりはヒトといったほうがまだ的確で、一頭、二頭と数えるよりは一人、二人と数えたほうがふさわしい、そういう生き物だと思っています。だからといって、免罪されるわけじゃないのですが、二〇年くらい前までは何の呵責もなく、親子の絆が切られて、それが当たり前のこととしてチンパンジーは日本へ入ってきていたわけです。だいたい戦後の三〇年ぐらいの間に入ってきたチンパンジーたちが、日本におよそ三〇〇人いて、今ようやく、その二世とか、三世とかが生まれ始めているわけです。アイはそういう意味でいえば、移民一世です。本当は野生で生まれたのですが、生後一年ぐらいのときに日本に連れてこられたのです。

そういう赤ちゃんチンパンジーについて、その後、いろいろな実態がわかってくるにつれて理解されていることは、チンパンジーは非常に強い母子の絆があるということです。だいたい二年半ぐらいまでは授乳している。ヒトより長いのです。授乳しているから、おっぱいを吸っている間は、ホルモンの関係で月経が止まっていて排卵が抑制されます。授乳が終わって初めてホルモンレベルが変わって排卵する。月に一回、生理があるという意味では、ヒトもチンパンジーもまったく同じなのです。そうして受胎して、ヒトは一〇カ月、チンパンジーだと九カ月の在胎期間で生まれる。ヒトだと二〇〇〇グラム弱、チンパンジーだと二〇〇〇グラム弱で生まれるわけです。

アイ．京都大学霊長類研究所で1977年11月10日に始まった，チンパンジーの人工言語習得と認知機能の研究は，その主要な被験者がアイであるため，「アイ・プロジェクト」とも呼ばれる．

チンパンジーのばあい、九カ月の在胎期

間があり、そうして産まれた子を二年半育てるので、離乳後のケアも入れて、平均五年に一度ぐらいしか子供を産まない。五年に一度、子供を一人産んで、それを大事に育てていうことをやっていますから、非常に強い母子の絆がある。また周りにいる同じコミュニティのメンバーも当然、その母子を守ります。だから、赤ちゃんチンパンジーだけを捕えようとしても、赤ちゃんだけすんなり捕れるということはなくて、たぶん銃を使って、大人を何人か撃ち殺すことによって初めて子供は手に入れられる。そういうプロセスを経てきたのだと理解しています。

ですから、アイをはじめとして、いま日本や欧米諸国にいるチンパンジーを見ると、ぼく個人としてはやっぱり非常に不幸なことだったと思えるわけです。ぼくらがチンパンジーを理解しようとするときに、チンパンジーをまず連れてきた。連れてきていろいろやって、おー、すごいな、これは便利だぞとかね。だって、マラリアにもかかるし、肝炎にもかかるし、エイズにもかかる。こんなサルはほかにはいない。当たり前ですよね、われわれヒトとほとんど同じ生き物なんだから。

そういう形での利用を念頭に置いて、チンパンジーを実験動物にしたというところに、ぼくはこれから長く返済していかなければいけない負債があると思っています。だから、これからの長い射程のなかで、チンパンジーにはチンパンジーにふさわしい、ニホンザルにはニホンザルにふさわしい、ヒト以外の動物にはヒト以外の動物にふさわしい環境を保障していく責務が、その動物を介して何らかの知識を得た人間としてはあるというように思っています。

松本　その意味では、今いるチンパンジーが先生のところに連れてこられたことは、連れてこられたところがチンパンジーにとっては良かったんじゃないですかね。ほかの人では、そこまでは考えなくて、実験動物という、いわば「物」と見なし続けて、使われて捨てられる運命になった可能性も高かった、と思います。先生のように、チンパンジーが恒常的に付き合える仲間として、今後、かかわっていくためにはどうあったらいいかという発想には至らなかったかもしれない。

チンパンジーに痛みを与えてしまったという自責の念も、逆に今後、そうしたことが広がらないように、チンパンジーとの付き合い方に関するガイドラインというか、そういうものを作ることによって、かえって被害が全体としては食い止められることになるということを考えたら、非常に良かったことかなと思います。

松沢　確かにそうすべきだし、実際にそういう形で野生動物を連れてきて実験するということの論理や倫理は常に問われなければいけないと思います。また、それを通じて知識を得ることによって、自分たち人間中心の世界観や価値観が改まっていくとしたら、それは進歩というか、ヒトがヒトとして生きていく上で大切なことです。対象をよく理解することによって、わが振る舞いを変えていくことはとても大切だと思うから、現在でいえばヒト以外の動物の研究とか、動物園とか、そういったものの存在価値は、人間が人間以外の存在を理解するためのまず第一歩、架け橋として理解すべきでしょうね。

ステップ・バイ・ステップのプログラミング学習

松沢　チンパンジーの学習の話に入りますと、一歳前のチンパンジーが日本に来ました。最初はアイ、アキラ、マリという三人で始めたのですけど、いちばん最初、導入は文部省（現在の文部科学省）の科学研究費でおこないました。当時の教授の室伏靖子先生ががんばって科研費を取ってきて、日本でもチンパンジーの研究を始めたわけです。

ひな型になったのはアレン＆ベアトリス・ガードナー夫妻とかがやった手話サインや、デイビッド・プレマックとかのやったプラスチックの彩片を使った、いわゆる人工言語学習実験です。言葉を教えるという形のプロジェクトで、非常に端的にチンパンジーが持っている知性を引き出せます。ぼくらは、当時盛んになったコンピュータを利用して、図形の文字を教えるという実験を通して、できるだけ客観的な資料を集めようとしました。実際にやってみると、確かにチンパンジーがそういう図形の文字を一つのシンボルとして理解したり、記憶したり、行動の手がかりとしたりするということが示されたのです。

でも、そこで非常に驚いたのは、三者三様だということでした。アイ、アキラ、マリは、できるという意味では同じだけど、たとえば、できるまでの所要時間、日数でいうと、アイはすごく早いし、アキラはアイの倍ほどかかるし、マリはもっとかかる。

それを簡単に世間一般の見方でいえば、賢い子がいて、まあまあ普通の子がいて、ちょっと劣る子がいるということになってしまう。さらには、すぐにもそれをその子の知性にすり替えて、頭がいい、まあ普通、頭が悪い、としがちだと思うのですけど、実際にやっていることをよく見ると、教え方が均一だからそういう差が出てくるということがわかってくる。同じコンピュータを使って、同じ課題で、たとえば八つの品物の名前を、八つの図形でコードしなさいということを画一的な教授法で教えるから、個人の差が出てしまうのであって、もし一人ひとり違うフィードバック、一人ひとり違う課題の進め方があったら、違ったと思うのです。

図形の文字をおぼえるというのはどういうことかというと、本来、必然的な関係のない文字と品物を対照させるわけです。たとえば手袋という品物があって、それは丸に横棒の幾何学図形で表す。コップという品物があって、それは縦波に塗りつぶした丸で表す。手袋が出たら、この図形を選ぶんですよ。コップが出たら、この図形を選ぶんで

京大式図形文字の例

すよ。そういうことを教えるわけです。それができたら、とりあえず言葉の原初的な形態としての命名、ネーミングができた。十分できたわけではなくて、逆に文字を見たら物が選べるとかいうことも必要なのだけど、第一歩ができたことになる。

松本　それができたときにはどうするのですか。頭をなでるとか。

松沢　今の段階でいえば、頭をなでるという方法でも教えられるということはわかっているのですけれども、その当時は大きなネズミとしか思っていないわけですから、こういうのをコントロールするには、食べ物をご褒美にしてやるのがいちばん効率がよかろうと考えました。一個のリンゴを一〇〇片ほどに切ってあって、正しく図形が選べれば、そのひとかけらがもらえる。あるいは干しブドウの一粒がもらえるとしました。そういう装置を作って教えるわけです。修正法という方法を使って教えます。手袋を見せて、この図形文字が選べれば、「ホロホロホロ」という、よくやった、正しいよというフィードバック音を流して、ご褒美としての干しブドウを一つ与える。もし、違う図形文字を選ぶと、「ブー」と鳴っておしまい。「ブー」と鳴るだけなんです。間違えたなら、同じ問題を繰り返します。できるまでやらせる。ほかに選択肢がないから、「ブー」と間違えたら、次は……。

松本　いちばん最初は二つぐらいだけで……。

松沢　最初は二つです。それで三つ、四つ、五つ、六つと増やしていくのです。最初の二つの物の命名のところに結構、時間がかかる。

松本　押すという動作をしてほしい、という先生の意志を伝えるのは、チンパンジーの手を先生がキイのところに持っていくわけ？

松沢　いやいや。いちばん最初は、コンピュータにつながっているキイボードのキイを押すということをまず教えます。これはそれまでに学習心理学が培ってきたノウハウがあって、先生が誰かにもよりますけど、だいたい三〇分もあったら教えられます。

どういうことをやるかというと、まず実験室に十分、慣らす。それから、キイボード、当時は三五個かな、七行五列に並んだキイがあったのですけれども、そのうちの一つのキイの明かりをパッとつけるわけです。キイの後ろに小さな光源がある照光式の押しボタンになっています。そうすると、何もないところに一個だけ明かりがついているから、チンパンジーはそのそばに行きますよね。そのそばに行ったら、もう「ホロホロホロ」と、よくできたという意味に使う音を与えてしまう。先に評価を与えてしまえば、一、二秒、遅れてリンゴが出てきても構わないのです。なぜなら、「ホロホロ」と鳴ると、遅かれ早かれリンゴが出てくるということをすぐ学習しますから。

だから、そばを通りかかると、「ホロホロ」と鳴ってリンゴが出てくる。部屋のなかでウロウロしていても、そばに来ることが多くなります。そうすると、ちょっと基準を変えて、体がキイボードのほうに向いていないと駄目、よそ見をしていたら駄目、キイボードに向いた瞬間に「ホロホロホロ」で、ポロッとご褒美が出ると、ずっとキイボードの方向を見ています。

十分に見るようになったら、また判定基準を変える。そうすると、ずっと見ているのに「ホロホロ」と鳴らないしご褒美が出てこないから、いろいろなことをし始めるわけです。いろいろやりますから、たまたま前面のキイボードに手が触れることがあります。ウロウロして、あれ、さっき前を通ったら出るのに出ない。こっちを向いていたら出るのに出ない。どうしたんだろう。そしてたまたま触った途端に「ホロホロホロ」と鳴ります。それでリンゴが出てくる。そうすると、ベタベタ触り始めます。ベタベタ触り始めたら、その時点でまた基準を変えて、触っても駄目、キイの近くを触ったらいい。またまたベタベタ触ったうちに、キイの近くに手が触れたときだけ「ホロホロホロ」と鳴るわけでしょう。そうすると、このキイをたまたま押すようになります。押せば「ホロホロホロ」。

だから、そこはうまいタイミングで基準を変え、相手の行動を見ながらどうガイドしていくかによって違うのだけど、早ければ三〇分で理解するようになる。すごいのは、翌日、連れてきたら、いきなりキイボードの前に座って、キイをぽんぽん押します。

こういうのをステップ・バイ・ステップによるプログラミング学習といって、バラス・スキナーという心理学者が考えたプログラム学習の手続きなのですが、要するに、だんだん教材を難しくしていくという方式ですよね。ヒトの子供のプログラム学習でも、チンパンジーの最初のレベルでもそうですけど、ステップを飛び越せる子がいるのです。たとえば部屋の中でウロウロとしているときに、ついている明かりに目がいって、そのそばへ行っていきなり触ろうとする子がいるわけでしょう。そういう子はもちろん、間違いなく押すまでが早いです。

松本　でも、思い込みが強すぎて、将来、大きな禍根を残すようなことが……(笑)。

松沢　あるかもしれないですね。

松本　事件を起こしやすいタイプでもありますよね(笑)。

松沢　それ一つで人生は決まらないから何とも言いようがないですけど(笑)。いずれにしても、この明かりがついたキイを押せるようになれば、どのキイでも押していいのじゃないのだよということを、たとえば目の前に赤いランプをつけておいて、今度はキイが二つ点灯して、赤いキイと緑のキイにしておいて、赤いランプがついているときは赤いキイを押すんだよ、緑のランプがついているときは緑のキイを押すんだよというように、キイの外側にある物に目を向けて、それと同じ物を選ぶということを教えます。そうすると、これが赤だったら赤が選べるし、緑だったら緑が選べるし、黄色にしても今度は黄色が選べるようになります。次は、丸だったら丸の図形を選ぶ、四角だったら四角の図形を選ぶ、三角だったら三角の図形を選ぶというように進んでいくわけです。

報酬に勝る触れ合いと愛情

松本　そこまでは報酬はどうなっているのですか。

松沢　常に「ホロホロホロホロ」です。

松本　「ホロホロホロ」という音と、少し遅れて出てくるリンゴ片。

松沢　ええ。でも、そのころにはリンゴ片が必ずしも必要でなくなってくるのです。そういうのを部分強化と言います。たとえば三回「ホロホロ」が鳴ったら一つあげるとか、三回連続で正解したら一つあげると変えていっても、個体によって違いますけど、チンパンジーはついてきます。

松本　そうすると、やっていること自体が楽しくなるわけですね、やっていることに付随して出てくるエサがほしくてやるんじゃなくて。

松沢　チンパンジーのばあいにはそういう面も出てきます。なぜなら、こういう勉強のとき以外は遊んでもらえないわけだから、ここへ来て、こういうことができて、終わればなかで遊んでもらえるという条件までさらに付ければ、それがまた報酬になります。

　チンパンジーが楽しんで勉強しているというその具体的な証拠は、呼べば来るようになるということです。要するに運動場に仲間と一緒にいて、何も嫌だったら来なくてもいいわけでしょう。来るのは何か良いことがあるから来るわけです。何が良いかというと、ここでこういうお勉強をしてちょっとリンゴがもらえる、あるいは遊んでもらえるということが具体的な報酬になっているから来るわけです。

そういうチンパンジーを、今言ったようなプロセスで、同じ色を選ぶ、同じ形を選ぶというスタイルで、今度は図形の区別を教える。図形が区別できた。今度はそれぞれの図形に対応する具体的な物との対応をおぼえていく。そういうようにステップ・バイ・ステップで学習を進めていきます。そうして、物を図形で表す、色を図形で表すということができると、次には、色と物とを図形で表す。たとえば赤い手袋に対しては「赤い」「手袋」というふうに図形の文字を選ぶところまでいく。

松本　そうした実験はいつごろから始めたのですか。

松沢　本格的な訓練は二歳半から始めました。それまでは母親代わりに遊んで、関係を作ったわけです。それで、二歳半ぐらいから、実験室とかいろいろ連れまわし始めて……。

松本　二歳半までに、アイちゃんを溺愛したということはないですか。

松沢　ないない。今のぼくと違い、非常にハードコア・サイエンティストでしたから、対象を溺愛するというようなことはなかったです。

松本　あ、本当に(笑)。ぼくはそれがあるんじゃないかと思った。というのは、アイとマリが女の子でしょう。それでアイを少し溺愛すると、マリが反発するわけでしょう。

松沢　さっきのカオスの理論ですね、初期条件が大きな差を生み出すという。

松本　そうそう。

松沢　それはあると思います。ただ、先生がおっしゃるような意味の、ぼくのアイに対する特別の思い入れというよりは、この最初の命名の学習の段階で、まったく同じ手続きでやったのに、アイはいちばん早くて、アキラは倍の時間がかかり、マリはさらにそれよりも時間がかかった。そうすると、普通の学級における先生と生徒の関係と同じで、よくできる子が好きなんですよね(笑)。

なぜなら、先生である前に研究者ですから、より短い時間で、良い成果を出してくれる生徒が「良い」生徒なわけでしょう。同じ時間で、同じコストを払っているのに、なかなかおぼえてくれないというのは「悪い」生徒になります。それはひとえにチンパンジーの善し悪しではなくて、先生の側の価値観、研究というビジネスにおける価値観がそうさせているわけです。それが外の世界へ研究成果として出ていったときに、やっぱり取り違えられて、アイは賢いチンパンジーで、マリはちょっと勉強ができなかったということになってしまうのが、すごく心苦しいのです。

これはあくまで同じ方法で画一的にやるからで、その子その子に合わせた問題を出していたら、相互に比較できないわけでしょう。同じ尺度で強引に測ってしまうから、速いもの遅いものができるのであって、それは別にその子の知性と関係ないのです。実際、細かく見てみると、アイのばあいは何も教えていないのに、ここまでの成育歴と、彼女の持って生まれた性質でもって、たとえば手袋を見て図形を選ぶときに、ものすごくためらうのです。すぐには選ばない。選ぼうとして、また元の手袋を見直す。

松本　慎重なんですね。

松沢　たまたま間違えても、修正法ですから、同じ問題ができるまで繰り返し出てきます。そうすると、すぐには選ばないで、擬人的にいえば、さっきこっちを押して、ブーと言われたぞ。だったら、自分はこっちだと思うのだけれども、別のこっちの方を押してみようかな。あ、ちょっと待って。でも、やっぱりよく物を見て、さっきと同じのが出た。やっぱり同じ物だ。さっきこっちを押して駄目だった。間違いない。じゃあ、やっぱりこっちを押してみよう。そういうことをするのです。それが、具体的には反応時間が長いという形で検出されるわけです。

一対三でも起こり得る一元教育の弊害

松沢　ところが、アキラという子のばあいだと、手袋なのにたまたまコップのほうの文字を押したとしましょう。ブーと鳴る。そうすると、修正法ですから、次にまた手袋ですよと言って出しても、こっちじゃないかと同じキイを速く押してみるとか、こっちだって言っているのにというふうに強く押してみるとかやるわけです。

松本 自我が強いんだな。マリのばあいは、機械が間違っているみたいな感覚なのだろうな。

松沢 そうですね。そうすると、ブーとブザーが鳴って、またちょっと違っていて、問題が出てきてたまま間違えますよね。何もたたいたり、怒鳴ったり、電気ショックが来たりという、そういう意味であって、本来、それは違っていますという罰は何もないのですけど、マリは手袋を見て、正解の文字を選んでご褒美をもらえるときは機嫌よくやっているのだけど、ブーと言われるともう駄目。今までずっともらえていたのになんでもらえないのという感じで、非常に情動的な態度になる。

松本 感性が強いんですね。

松沢 そう、ギャーと歯をむきだして、泣きっ面になって、それこそ、

「機械が壊れている。助けてちょうだい」

と、ヒトに救いを求める。それでも同じ問題が与え続けられるから、キャーキャー泣きながら、同じ間違いを繰り返すというところに陥ってしまう。

松本 じゃあ、マリちゃんのばあいにはもうちょっと教え方を丁寧にというか、優しく、ブザー音のように、けたたましい、誰にでも同じように聞こえるのではないものにするとかね。

松沢　そんなに嫌なブザー音ではないのだけど……。
松本　だけど、嫌か嫌でないかは本人が決めるのですからね。
松沢　そうそう。しかも、最初はそれほどでなかったものが、どんどん嫌になってくる。
　マリのばあいはもっと違った方法で、たとえばいつも正解が出るような方法で教えればよかった。つまり、手袋のときには答えは一個しか用意しないで、いつも正解。だってこれしかキイボードのなかで点灯していないのだから、明るいのを押せばご褒美をもらえるわけでしょう。コップのときにはコップのキイしかついていない。そういう学習のプロセスを十分与えてあげればいつも正解。手袋、できたできた、拍手。コップ、できたできた、拍手。またコップ、できたできた、拍手。今度は手袋、できたできた、拍手で、毎日毎日、機嫌よくやっているなかで、一〇〇回に一回とか一〇回に一回という頻度で、じゃあ、どっちだったのかなと、二つのキイを点灯してみる。もしそれでブーと、手袋を出したのにコップと間違えたら、すぐやめればいい。やめて、すぐ次の問題、また最初の百発百中問題のほうへ行けば、そうすると、ギャーと泣かないうちに、ちょっとずつちょっとずつ、こちらが言う「どっちですか」という問題へすんなり移行できるわけでしょう。
　本当は学習のステップというのは、相手の子供に合わせて、どこまでも細かくできるものなのに、ある程度ステップを飛ばして、画一的な教授プログラムを用意するわけです。そうすると、アイのように、どんなに飛んでいてもついてくる子と、マリのように、ちょっとつまずいてしまって、もうついていけない子が明らかになってしまう。

松本　自分を責めてしまうのですね。

松沢　まさに初期経験のところで、ほんのちょっと、ここの段階でいうと、八つの品物の名前をおぼえるのにアイは五〇日のところがマリは一二〇日かかっただけなんです。だけど、そうすると、先生のほうは五〇日終わった段階でアイを遊ばせておくわけじゃないですから、アイならアイに、今度は物の名前をおぼえたのだから、じゃあ、色の名前を教えていこうとなる。そうやって、アイのほうはどんどんより短い時間で次の勉強に進んでいきます。マリは出だしのところでつまずいたから、どんどん勉強が遅れていくわけです。それは普通の学校の学級で起こっていることと同じなんです。優等生はさらに優等生になり、ちょっと落ちこぼれ、ちょっとつまずくともう取り返しがつかなくなる。一日のつまずきを先生が「ワァー、がんばったね」と、翌日、翌々日に支えてくれていればよかったのですけど、一日つまずいて、二日つまずいて、一週間つまずいて、一カ月つまずきっぱなしになると、もうついてこれない。そういう現状が先生一人、生徒三人の学級で起こってしまった。

松本　一人対三人でもそれは起こるのですからね。

松沢　実際は一対一の勉強場面なのにね。だから、アイがこれでも一七〜八年、こういう勉強法を続けてこれたのは、ひとえにアイの持って生まれた性質、感性と、それから彼女が受けた初期の教育方法が、たまたま合致していたというだけであって、アイの知性が飛び抜けて高いということではありません。アイは紛れもなく普通のチンパンジーですから。

松本　そうですよね。可能性は三人とも同じにあったはずですよね。

松沢　アキラにはアキラに合ったやり方で、マリにはマリに合ったやり方で教えれば、もっと結果は違って、アキラはアキラなりにマリはマリなりに伸びたと思うし、実際、今の一〇人のチンパンジーの研究でいうと、アイだけじゃなくて、ペンデーサとか、クロエとか、パンとか、ほかのチンパンジーもそれなりに、いろいろな課題でチンパンジーの知性を示しています。

たとえば、今度は字を指で書かせようと思って、今アルファベットのなぞり書きをやっているのです。最初はTとかLみたいなので始めるのですが、線が引いてあって、その通りをなぞると正解です。タッチスクリーンになっていて、触ったところだけ青い軌跡が残るようにして、与えた線からはみ出ない、そういった線がうまく書けたときに、「ホロホロホロ」と褒美が出るようにプログラムを書いておくわけです。そうすると、たとえばアイなんかだと、Lという字を丸く効率的に書いてしまうわけです。

松本　要領がいいな。

松沢　評価基準は、たとえば見本のLという字の各ピクセルのうちの全体の八五％を満たして塗りつぶされていればいい。そして、青く残った軌跡のうち、五％以上が領域の外へ出ていてはいけない。要するに塗りつぶすといっても、べったり塗りつぶしていいんだったら簡単です。塗りつぶしてなければいけないけど、はみ出てもいけないということをやる。

そうすると、アイなんかは非常にぎりぎりに、八五％を満たしていればいいんだろう、五％ははみ出てもいいんだよねという感じのLを書くわけです。だから、賢いといえば賢いのだけど……。

松本　相当なものだ。見透かされていますね。

松沢　だけど、たとえばペンデーサのばあいにはきっちりと、誰もそう言っているわけじゃないのに、アイよりもきっちりと字を書くわけです。

松本　几帳面なんだ。

松沢　それはその子の知性の問題ではなくて、そういう子なわけでしょう。でも、この課題に限っていえば、ペンデーサのほうが良い成績になってきます。ペンデーサのばあいにはほぼ一〇〇％、字がちゃんと書けているのに、アイのばあいはこうやればいいんでしょうとやっているから、基準を満たせずに間違えることもあるわけです。

松本　評価基準をそういうふうにしているから、結果としてはよく見えるけど、社会的な適合性という別の基準で見たばあいにどっちがいいかというのはわからないですよね。

松沢　確かにそうですね。

松本　学校教育の評価方法も、ペンデーサが勝つようになっているかもしれませんね。

松沢　そういう意味では、知性をどういう尺度で測るかによって違うし、その子の持っている知性に合わせた個々別々の教授法が本来は工夫されるべきだと、ぼくはチンパンジーを教えていて思います。

真似なのか、同時多発的行為なのか

松本　もう一つ、聞いていいですか。アイとアキラとマリの関係はどうなのですか。

松沢　アイとアキラは大変仲良しですね。

松本　アイとマリは？

松沢　アイとマリ、マリとアキラ、どっちも仲良しではないです。といって、ケンカばかりしているというわけでもなくて、擬人的な言い方をしたら、マリは内気な気難し屋さん。内向型ですね。

松本　内向的なので、自分の方向に思考回路が向いていて、自分を責めてしまいがちなんだ。

松沢　アキラは超外向型。総領の甚六に近いかな。細かなことにはかまわない、明るい、おおらかな、あれが人間だったら、ぜひ友達にしたいという、そういう感じの子です。アイはすごく大人びた、おとなしい、でも、しんねり、むっつりした感じの、すぐには好かれないタイプの存在だなと思っていたのですけど、最近、だんだんヒトと同じで性格が変わってきます。最近はとっても……。

松本　愛嬌が出てきた？

松沢　愛嬌というか、きれいになりましたね(笑)。

松本　きれい……。怪しげな関係だな(笑)。

松沢　なんと言ったらいいのかな、性格的にもいいしね。

松本　お聞きしたいのは、三人の間のコミュニケーションというか、たとえばアキラが仲がいいアイに、これは何なのというお互いの間の情報交換はどういうことができるのですか。たとえばアキラに課題を与えているときに、二人を横に立たせたということはありますか。

松沢　実際の勉強の場面ではないです。まさにそういう影響がないように、一人ひとりの経験を統制していますから。だけど、個体間のインタークション、一人がおぼえたものが相手にどう伝わるか。それはまさに今日的な課題です。そういう視点でやってみると、われわれ人間の常識的な感覚からいえば、彼らは驚くほどそういった情報伝達をしないのです。「サル真似」という言葉がありますが、ニホンザルも、チンパンジーも真似はしない。

松本　サルは真似しないの？　イモ洗いがどうしたとかいう話が……。

松沢　あれはほとんど嘘です。というよりは、ある現象を観察した人間が勝手に作り上げたお話です。いちばん良い例は幸島《こうじま》のイモ洗いですが、ニホンザルのイモを洗うようなしぐさは、そもそもマカカ属のサルにかなり普遍的に見られる行動のレパートリーなのです。たとえば飼育下でも、水で洗う経験を何もしていないサルでも、壁にゴシゴシとイモをこすりつけたり、両手でザラザラともんだりします。

その同じ行動型が、別の場面でも出てきます。たとえばある地域のニホンザルはジャラジャラジャラと両手で石をこする石遊びをします。いかにもジャラジャラといって、音を楽しんでいるように見て取れるのだけど、実際、何かがあるとゴシゴシこするというのは、ニホンザルのなかに根強く認められる生得的な性質なのです。そうすると、ある頻度でもって、イモをこするやつはどこにでもいるわけです。あとは個別の学習ですね。「イモ」と名付けられたサルがイモを洗って食べるようになった。「それを見てほかのサルが真似するようになった」というのは人間的な解釈であって、現実にはサルは、驚くほど真似をしません。たぶん実際は浜辺にイモがまかれることによって、ほかのサルにも「イモ」と同じような学習の機会が与えられるわけです。

泥が付いていて、たまたま海水のところでこする。そういったようなことが、ある確率をもって個々のサルに常に起こり得るわけでしょう。だから、見かけ上、行動が伝播したように見えるけど、実際には「イモ」は「イモ」で、別のサルは別のサルなりに同じことを学習していく。しかも、その学習のプロセスはちょっとずつ違って、機会もちょっとずつ違っている。でも、そういうことができるのは、大きく年齢層で見ると、若者に限られます。年寄りはそもそも、そういう新しい場面で新しい食べ方をしない。ヒトでもサルでもそうですけれども、保守的になってきますから、決まりきったやり方でしか食べ物を処理して食べないわけです。だから、いろいろな行動が出てくるチャンスは小さい。

そうすると、いろいろな行動が出てくる機会が大きい、子供の年齢のところで新しい行動はいちばん多く、同時多発的にそれぞれの個別の学習場面で起こってくる。観察者には、あ、こいつがするようになった、一カ月後にこいつがするようになった、その一カ月後に別のやつがするようになった、と見える。そうすると、そこにいかにも模倣による行動の伝播のようなものを見て取る。それは作られた物語で、現実のメカニズムはかなり違うと思います。

じゃあチンパンジーのばあいの個々の地域にある固有な文化がニホンザルと同じように説明できるかというと、そうではない。しかもそれがほとんど例外なく、どの個体も学ぶかということになると、偶然のチャンスで個体が学習するということだけではうまく説明できない何かを考えたくなります。

そうすると、どういうスタイルでの教育というものがあるのか。もし、学ぶほうだけだとすると、観察学習として、具体的にどういうものについては真似られて、どういうものについては真似がしにくいのか、そういうことが問題になってきます。それを今、アメリカや日本で研究し始めようとしているところだと思います。

松本　おもしろいですね。

サルはとにかく、動物全般もそうですが、群れを作るわけでしょう。関係し合ってこそ生きられる社会的な動物ですよね。ですから、何らかの形で関係を持たないと生きることはできないということが確かだとすると、関係するためのコミュニケーション手段は言語的な手段であれ、毛づくろいとか非言語的な手段であれ、あるはずです。とすれば、一方で習得したものを他方に伝えるのが自然でしょう。自分と同じような関係であってほしい、自分のことを知ってほしいというふうな気持ちはあるはずでしょう。

だから、アキラとアイとの間の関係が非常に良いとすると、アイちゃんは自分をもっとわかってほしいということをアキラに伝えるし、またアキラは自分のことをアイにわかってほしい。そのなかに、こういう問題設定があって、自分がわからないことに関してアイがわかっているとすると、それを何らかの形で学びたいという意欲が出てきて、これを介在するかどうかわからないけれども、そういう意味での関係もできてくるのかなと思えるのですけどね。

野生でなければわからない認識がある

松沢　ただ、そういう社会的な関係に目を向けたときに、いちばん問題になるのは、アイ、アキラ、マリがそうですけれども、背景となる文化的基盤を持たないことです。たまたま一緒になった。強いて言えば、孤児を集めた施設でたまたま同時期にやって来て知り合った三人という、そういう社会的な基盤しかないわけです。

松本　でも、それは彼らにとっては大きい基盤ですよね。

松沢　そう、それがすべてなんです。だからもちろん、そこですべき研究、やれる研究もあります。むしろぼく自身は、飼育下での研究は、たった一人のなかにも宇宙が畳み込まれて認識されると思っていたから、一人ひとりの研究をすれば物事がどう認識されるかわかると思って長い間やっていたのです。その視点がほかの研究と随分違って非常にラディカルな立場を取らせていたのですね。ほかの研究はそれこそ日常的な場面で、ヒトとチンパンジーが手話サインでもってやり取りをすると、いつの間にかこんなふうに言葉をおぼえました、双方向のコミュニケーションができましたという研究でした。

でも、もうそれは十分にわかった。何も不思議なことはない。

そのなかで正味、どういうことがサインとして獲得されるのか。どういうプロセスでサインとして獲得されるのか。どこまで複雑なサインが獲得できるのかということのほうがラディカルな問いだと思ったので、たった一人、実験ブースのなかにいて、相手はヒトじゃなくてコンピュータで、コンピュータとのやり取りの、いわばゲームのようななかでチンパンジーが示せる認知的な能力というものをずっと探ってきたわけです。

でも、ずっとやってきた果てに、やはり素朴な疑問がわいてきました。ほかの個体と絆を持って暮らしている彼らの野生の暮らしのなかで、そういった知性がどんなふうに使われているのか。他の個体からどういう形の教育を通して、学びとっているのか。そうした問いになると、一人だけ閉じ込めた勉強部屋でやっているわけですから、途端に無力なわけです。

だからこそ、アフリカへ行って、野生のチンパンジーで研究したいと思うようになった。親と子という関係があって、姉と妹という関係があって、生物学的な父親と子供という関係があって、そういう絆のなかで、具体的に現場にある課題、たとえば石を使ってアブラヤシの実をたたき割るということを各年齢でどう発達的におぼえていくのか。そういうことをやっぱり研究すべきだなと思うようになりました。だから、今は若干、そういう社会的な絆が大切だ、みたいなことは、おぼろげながら言えるようにはなってきたのですけどね。

松本 今までの松沢先生は、先生とアイとか、先生とアキラ、先生とマリという、先生を中心にした関係で教育されてこられたし、そういう関係でチンパンジーも今日まで成長してきたと思うんです。

この前、新聞で、今度は逆に先生が一歩退かれた形で、チンパンジー側から人間を見ているというシステムを作られた、ということを知りました。つまり、こちらの勝手な解釈なのですが、今度はチンパンジーの社会があって、先生が一歩退かれて、チンパンジーから、チンパンジー同士のコミュニケーションのなかで、チンパンジー間のもっと主体的な関係のなかで、傍観者的に観察する仕組みを作ったわけですよね。それと同時に、もちろんずっと以前から、フィールドワークをやられてきている。そういう問題設定というか、関係を解明する研究の進め方というか、そういうところに入ってくる手順や、シチュエーションの設定が非常にうまいなと思って、感心していました。

松沢 確かにこれまでは、個人のなかに認められる道具的知性、それが道具を使うことであれ、シンボルを使用することであれ、それを追いかけて、ひとことで言うと、どこまで深く階層的な知性が認められるのかということが、野外でも実験室でも、自分の研究の興味だったと思うのです。けれども、やっぱり一歩退くと、そういった存在としてのチンパンジーが、道具的な知性だけじゃなくて、社会的な知性をも発達させて、実際にチンパンジー同士のネットワークのなかに生きて、われわれヒトと同じように、子供のときからいろいろな経験を通じて、親や仲間から学びとっている。そのこと自体を研究しようと思うと、まず社会という基盤を作らないといけない。ブースのなかにチンパンジーを閉じ込めていくら研究しても、自然環境か人工環境かで言ったら、まさに人工環境の実験になってしまう。ガラスの試験管のなかに閉じ込めた知性の研究です。だから、もっと自然環境でやらなければいけないと思ったわけです。

でも、アフリカという自然環境で、人工環境に近い研究ができるかというと、それはできない。だから、犬山という人工的なコミュニティで社会的な絆を保障しつつ、実験ブースと発想を一八〇度転回させて、チンパンジーをブースのなかに閉じ込めるのではなくて、逆にヒトのほうを閉じ込める。大きな入れ物があって、そこにチンパンジーが暮らしている日常の世界があ

チンパンジーの屋外運動場にある「ドーム」

って、ブースの代わりに「ドーム」と呼ぶアクリルの透明な実験室があって、中にヒトが入っている。チンパンジーの日常の生活のなかに、ヒトが顔を出す。チンパンジーから周りをぐるりと囲まれて見られているわけです。

そうした環境で、チンパンジーが示す行動に、チンパンジーが絆として持っている社会的な枠組みのなかで示す知性を調べようとしています。

松本 世界でほかにない発想ですよね。楽しみですね。

松沢 楽しみです。ぜひ、そういう形で、二人以上の複数のチンパンジーがいて初めて出てくる知性を探りたい。駆け引きは一人ではできないわけで、相手があって初めて出てくる。そうした駆け引きとか、だますとか、あるいは協力するとか、それも優れて知的な行動なのだけれども、それらをぜひこれから研究してみたいなと思っています。

第10章　脳を活性化する教育と学習

仮説と判断結果、二段構えの情報分析

松本　われわれの研究のアプローチ、すなわち、脳と同じ原理のコンピュータを作ることによって脳を理解するという視点から見ると、第一の原理が自動的にアルゴリズムを獲得する戦略としての学習性にあるわけですが、これと同時に重要なことは、どのような情報を選択して、そのためのアルゴリズムを脳がどのようにして獲得するか、を明らかにすることです。いわば、脳が発達していく方向とその方向の評価という、広くは学習制御性の原理を明らかにすることです。

脳の学習制御性について、脳が出力を出したくなる入力情報は三つのカテゴリーのどれかに該当した時である、ということをすでに述べました。入力情報が第一次価値判定で(情動的に)快であると認められたとき、第一次的には不快でも第二次価値判定で価値があると認めるとき、および入力情報が繰り返し繰り返し入力されるとき、のいずれか

のばあい、脳は内部から出力を出し何らかの対応をします。第三の繰り返しの情報は学習効果を高め、出力を出させるように働くということです。自分が今まで築いてきた自分の脳の価値判定の基準を変えないと、どうしても太刀打ちできない事態に至ったときに、この戦略を有効に使うことができます。

このような脳の特性から情報とは何か、といいますと、それは脳を活性化する事柄だといえます。コンピュータにとっての情報は、事実や考えですが、人間にとっては、事実や考えが脳の活性にはまったく関係しないこともあるわけです。現代は情報化社会であるといわれ、インターネットを介して、事実や考えが頻繁にヒトとヒト、ヒトと社会、社会と社会の間に飛び交うことのできる時代であるようになってきたわけですが、脳の活性を最も大きく支配する事柄としての「情」に影響する事柄がそこに含まれていない限り、ヒトにとっての情報とはいえない、そうなります。

たとえば、小さい子供がお母さんに、

「おじさんから五〇〇円もらった。これでお友達にプレゼントを買ってあげるの」

と言ったとします。これは、五〇〇円もらったという事実、友達にプレゼントを買いたいという考えをお母さんに伝えているには違いないのだけれども、それを通していかに自分が嬉しいかという感情をお母さんに伝え、お母さんに知ってもらいたいためにこの言葉を発している、と考えられます。

だから、お母さんがその子の感情に焦点の合った受け答えをしないと、子供は自分をお母さんにわかってもらったという事実や、そのお金でお友達にプレゼントを買うという考えだけをわかったというふうに受け答えしたら、お母さんはわたしをわかってくれないということになります。

「もらってよかったわね、嬉しかったのね」

という感情に焦点を合わせた受け答えがないと、自分の気持ちがお母さんに伝わったということにならないわけです。

情は第一次価値、あるいはヒトの本音と同じです。生まれながらにして、脳は欲求という生得的価値基準を持ち、この欲求の充足に向けて行動規範を作る・行動する、といえます。欲求(原生的な価値)を満足する外部からの事柄によって、脳の活性は最も高まり、従って出力を出すことで学習効果が最大となり、その外部の事柄に対処し得る脳内回路が整備されていくのです。つまり、ヒトは欲求の充足方向に向けて言動などを出力しているとき、脳活性が高まり、従って、至福感が高く、このことによって脳が作られる(成長する)原動力になっている、といえるでしょう。欲求が充足されている状態は幸福ではないのです。

「ヒトの幸福はそのヒトのいる位置ではなく、そのヒトが向かって進むベクトルの角度である」といわれる所以です。

欲求は生理欲求と関係欲求の二つの種類から成ります。生理欲求は、物質・エネルギーの開放系としての脳の特性から、遺伝的に獲得したものと考えられます。関係欲求は情報に対する開放系としての脳の特性から、遺伝が獲得した価値の初期条件と考えられます。物質やエネルギーという肉体(脳も含め)の構成物や構成のためのエネルギーのみならず、これ以外の事柄がわれわれに入ることが生きるために必須なのです。われわれは人との関係によって生きることができ、関係によって脳活性が制御されるのです。脳活性を高める関係を「愛」と広く呼ぶことができる、と思います。子供とお母さんの関係(=絆)がプラスに結びついて、子供の脳の活性が高まることが、子供が当面する問題に自身で対決できるエネルギーとなり、またそのことによって子供がその問題を自己解決し得る脳回路を作っていくことになるのだ、と思われます。そのために、情を通じ合うということが脳の回路形成に最も重要なことなのだと思います。

情の判定が第一次価値判定回路で欲求に従っておこなわれるばあい、入力情報の意味がある程度(この判定がおこなえる程度に)明らかにされなくては、価値判定できませんね。すなわち、脳の大脳新皮質という場で緻密な入力情報の解析がおこなわれる以前に、入力情報の粗い意味がわかり、その結果によって価値の第一次判定がなされるようでなくては、価値によって脳の活性制御がおこなえないわけです。これらの粗い意味の抽出は視床という間脳の部分でなされているのです。

大脳新皮質がいまだ十分に形成されていない生後数日目の赤ちゃんでさえ、外部状況に対する価値判定がおこなえるということからも、このことは理解されます。たとえば、次のような実験があります。お母さんが生後九日目の赤ちゃんをあやしています。それをビデオで撮っています。赤ちゃんは二階でスヤスヤ寝ているわけです。下からピンポーンと鳴って、ご用聞きが来た。お母さんは赤ちゃんのところから離れてしまうわけです。

そうすると、スヤスヤ眠っていたはずの赤ちゃんの胸の呼吸が激しくなり、目をしばたき始めるのです。四〇秒ほど後、お母さんがまた帰ってくる。トントントンと二階に上がってくる階段を登る足音を聞いただけで、赤ちゃんはまたスヤスヤ眠り始めてしまう。お母さんはその間の出来事がわからないから、相変わらず去ったときと同じような状態で、その間も、赤ちゃんはずっと寝ていたであろうと思うわけです。ところがビデオに映った写真は全然違う。いなかった間の赤ちゃんは精神的に非常に不安定なのです。

ということは、赤ちゃんがお母さんという存在の自分にとっての価値を、寝ているように見えていても、判断しているということです。それによって、価値判断がなされ、お母さん(というしっかりした認識はできなくても)が去っているということの自分にとっての快・不快がわかった上で、その状況は自分にとってあまりよくないという価値判定がなされ、その出力が自律神経系を通して呼吸の荒さとして観察された、といえます。

粗い意味の抽出とそれに基づく情動判定の脳内回路と、入力についての緻密な認知情報の脳内処理回路が、脳のなかに並列に備わっていて、脳はこの二重構造で構成されている、ということがネズミの脳に関する神経回路の研究で米国のジョゼフ・ルドゥー(ニューヨーク大学医学部)らのグループによって明らかにされました。

この脳の二重構造は本質的にヒトでも同じである、と考えられます。この二重構造によって、脳活性の調節が価値判定回路でなされ、脳は価値を認めた情報を処理する神経回路を脳内に構築するよう学習が進む、といえるのです。

この構造は入力情報から価値を抽出して脳活性を制御するだけでなく、脳が向かうべき方向(目的)を設定するように働きます。視床によって粗い意味が抽出され、価値付けがおこなわれた情報は、大脳新皮質の最高位、すなわち連合野に送られ、その情報が大脳新皮質で認知処理される方向性を示すように使われます。

すなわち、脳は仮説立証主義であるということが考えられます。入ってきた情報から、脳はまず視床で「顔である」との意味を得たとすると、大脳新皮質側頭葉連合野に「顔である」といういわば仮説設定をおこなうわけです。一方、大脳新皮質視覚野の視覚一次野から連合野に向けて情報が上がっていくわけです。

高次野から分析すべき方向が先に「顔である」というふうに決められているので顔の特徴分析をすればいいだけです。それで「これはAさんである」という分析結果を出して、次にAさんというのを、仮説にしてもう一度この操作を繰り返し、それでつじつまが合ったら、「Aさんである」と認知する。赤ちゃんの脳は先に情動の判定回路がすでに作られて生まれてきて、その後、認知処理系の回路がこの判定による活性調節を受けて作られるのです。

この脳の仮説立証主義は、脳がメモリベース・アーキテクチャのコンピュータである、ということとよく合致します。脳は学習であらかじめ答を脳内に用意し、脳への入力情報は検索情報として使われ、すべての答は脳からの内部出力である、というのがメモリベース型です。この仮説立証主義は、脳から答を抽き出す検索のためのやり方である、と考えることができます。答は脳の連合野にあらかじめ用意され、粗い意味設定でその答の領野を大づかみに把握し、一方、低次感覚野からの認知情報処理で検索の範囲を限定していくわけです。この検索の範囲の限定を、脳の生理学の言葉では「焦点的注意」と呼ぶこともできると思います。

脳活性を上げ、脳の発育を促進する教育法

松本　このようなコンピュータという視点から脳の働きを理解することで、実際にわれわれが脳を発育させていくやり方に関しても、非常に大切な示唆があると思います。脳は自分から好きと価値判定する事柄に対して自発的にそのための脳を作っていくので、やらされているのではなくて、やること自体が好きであるとき学習効率が高まる。これは鈴木鎮一さんの『愛に生きる』(講談社現代新書)にも述べられている鈴木メソードの原理ですね。

アイちゃんのばあいでも、学習をするとき、その報酬として確かにリンゴのひとかけらはもらうけれども、アイちゃんがあの実験をやること自体に価値を認めていたので、高い学習のレベルに到達できたのではないでしょうか。それが何かなというのがさっきから聞いていていて、いちばんの興味の焦点でしたね。

松沢　基本的には社会的な称賛、このばあいには社会的といっても非常に閉じた系、ぼくとアイとの関係だけだけど、ぼくによる承認、わが喜びがアイの喜びになっています。それはそうだと思います。

松本　それでしょうね。

松沢　その具体的な証拠は、ぼくが呼べば、アイはいそいそとやって来る。別に外でアキラやほかの仲間と遊んでいても一緒にいてもいいわけです。でも、やっぱりやって来る。

松本　端的にいうと、やっぱり先生が好きなんだな(笑)。

松沢　端的にいうと、ちょっと違うと思うのですけど(笑)。でも、確かにわたしが、「アイ、こっちへ来て座ってやって」と言えば、リンゴがなくても、干しブドウがなくても、おなかがいっぱいでも勉強をやってくれます。非常に不思議には思いますが、やります。ただし、そういうことを続けるためには、勉強が終わった後、中へ入って行って、よくやったと言って遊んであげることがとても大切なのです。何もないわけにはいかないですね。

松本　寂しがり屋なのですか。

松沢　というか、ヒトと同じで、ヒトもチンパンジーもそういう絆なしには生きていけないのだと思います。基本的には先生であり生徒だけれども、別の見方をすれば孤児としてやってきたアイにとっての庇護者であり、庇護される者という関係です。食べ物でいったら、アイが稼いでくるわけではなくて、もちろん飼育の担当の方がいらっしゃるのですけれども、わたしは常に何かを与え、アイはそれを享受する。そういう立場のなかで培われた関係があるわけでしょう。

そうした付き合いのなかで、ぼくが喜べば、それはアイの喜びになっている。それは別にアイに限らず、アキラのばあいでも、ペンデーサのばあいでもそうですけど、そういう関係が作られています。

絆――教えられる者の喜びと教える者の喜び

松沢 じつは最近（注、一九九五年のこと）、新しい、すばらしい実験システムができて、すばらしい建物ができて、実験ブースも五つできて、プレイルームも二つできたのです。チンパンジーの研究を始めたばかりの大学院生でも、すべて自動化された電動ドアの通路ですから、いっさいチンパンジーに触れないでも誘導できる。アイと呼べばアイが、アキラと呼べばアキラが来て、電動ドアが次々開いていく通路を歩いて行って、ブースのなかへ入って、コンピュータに向かって、ある課題をやってまた運動場に戻る。この間いっさい手を触れずにできるようなシステムができているのです。でも、ぼくの言うことは、チンパンジーは一〇〇％、ぼくが思い描いた通りになるのだけれども、大学院生のばあいは必ずしもそうならないというトラブルがあります。どういうことがあるかというと、呼んでも来ないとか、通路の上で寝ころがってしまって動かないとかね。

松本 やる気がなくなってしまうんだね。

松沢　どちらかというと、おちょくっているというかね。

松本　からかっているわけ。

松沢　そう、だって、おもしろいんだもん。向こうは一生懸命になって、行けとか、そうじゃないとか言うから。はたで見ているとチンパンジーに大学院生が振り回されていると言うこともできるわけでしょう。実際にヒトがたたいたり、蹴飛ばしたりはできないように、逆に言えばチンパンジーのほうから手が出ないようなシステムになっている。だから、安全は安全なのだけれども、チンパンジーを意のままにはできないわけです。

なんでできないのかなと最初のうちは不思議に思ったのだけれども、それは絆の問題なのですね。社会的な絆がなかったら、行けと言われても行くべき理由がないわけでしょう。そういう意味では、本当にリンゴひとかけらのためにやっているのじゃないんです。それはリンゴひとかけらというものを介して、ある絆をヒトとチンパンジーが取り結べる、実験とはそういう機会であって、その実験場面を介してチンパンジーと絆を持とうとしないかぎり、その大学院生は一カ月やっても半年やっても、チンパンジーをなかなかコントロールできないでしょう。

おもしろいのは、大学院生にもいろいろいるでしょう。だから、うまい子もいるんです。たとえ一年という時間のなかでもチンパンジーとうまく付き合って、チンパンジーを呼び入れ、コントロールできる子もいるし、そうでない子もいる。だから、それも知性の現れだとしたら、知性と知性がぶつかり合って取り結ぶ絆の結び方というのはあります。そのときには相性ということもあるでしょうし、本当にセンスという言葉でぼくらが乱暴にくくってしまうような、プロセスのよくわからない知性の現れ方もあります。

松本　確かに、さっき松沢先生が言われたように、チンパンジーにおいてもわれわれにおいても、いちばん大切なのは、絆の確立だと思う。自分の存在を喜んでくれている人がいる。その喜んでいる人の要請に、課題をやることでいちばん応えられるのだ。意識してそう思っているのじゃないかもしれないけど、そういうことを感じたときに自分も喜びを感じるし、相手も喜びを感じるわけです。それで絆ができる。だから、課題が辛くてもできる。

PLM理論による脳活性のプロセス

松沢　常々、自分で思っているのは、具体的な対処法ということをちょっと脇に置いて、もっと抽象化したレベルで研究というものを自分なりに反省してみると、PLM理論と名付けている理論があるのです。パースペクティブ、ロジック&モチベーションです。つまり、展望と論理と動機です。研究においては、パースペクティブ、展望はすごく大切だと思うんです。松本先生の話でいえば、時の所長が、君、これからはこういう方向だよ。磁性体の研究ではなくて、脳型コンピュータへ向けて君の生涯を費やすような方向へ行ったらどうだい。これがまさにパースペクティブです。

松本　雷に打たれたような気がしましたよね。

松沢　ロジックというのは、実際、そのなかで、じゃあ、その目標に向かって何を準備したらいいのか、どういう材料を集めたらいいのか、どういう工夫をしたらいいか。まさにヤリイカを生きて飼うというプロセスに表されたものがロジックで、そこはほとんど独力でなさった。

　ところが、モチベーションの方でいうと、これがよくわからない。何が松本先生をそこまで駆り立てて、そういう方向へ向かわせたかわからない。だからそれは置いておきます。

　聖路加病院で何人かの先生方に出会ったり、小学校で良い先生に出会ったりということは、普通の人の人生ではなかなかないことだと思うのです。ぼく自身、小学校のあのときの先生がよかったとか、中学校のあのときの先生がよかったということはなくて、本当に先生と呼べる人は、大学院で初めてネズミの実験のときにお世話になった平野先生、それから就職してサルの研究を始めたときに、一貫して自由にやらせてくれた室伏先生、それからアメリカで二年勉強しているときに、チンパンジーの研究について目を開かせてくれたプレマック先生、この三人だけだと思うのだけど……。

そういうプロセスでいって、人は皆それぞれ背景が違いますよね。だから、もうちょっと抽象化したレベルでまとめないと、「良い先生に出会うことが大切だよ」というような陳腐なことになってしまって、それは「出会わなかったら不幸だね」ということになってしまうので、あまり生産的な助言ではないと思うのです。

でも、どういうことであれ、やっぱりパースペクティブというのはすごく大切だと思います。パースペクティブを実現していくのに不可欠だから、ロジックというのもすごく大切です。モチベーションはさらに大切で、脳型コンピュータを起動させる、活性化させるシステムとしての情動系、社会的な絆のなかで認められるということが研究においても必要とされる。いくらパースペクティブがあって、ロジックはあっても、簡単にいえば情熱のようなものがなければ、それに向かって推し進めていけないわけでしょう。だから、パースペクティブが大切だし、ロジックも大切だけど、何よりもモチベーションが大切だと思うのです。

ぼくが、自説におこがましくも理論と名付けたのは、それをうまく機能させるヒントがあるのです。パースペクティブは、松本先生のばあい、良い先生に巡り合って、その先生方が教えてくれた。でも、普通は違うと思うのです。確かに大学院生やこれからという人に比べて、すでに科学者として認められた先生方はパースペクティブを持っています。ただ、自分が巡り合ってきた経験でいうと、往々にして、先生という名の付く人ほどパースペクティブの欠けた人はいないというか、そのパースペクティブでしか世界を見ていないなと思います。

だから、先生のパースペクティブに従うと、縮小再生産路線に入って、その先生のパースペクティブのなかで、いわばこれだけの視野の広がりのなかの、この部分を見るか、あの部分を見るかは違うけれども、部分でしかない。だから、パースペクティブは先生に聞いてはいけない。

ロジックというのは、たとえばコンピュータのプログラミングを書くとか、装置にこういう工夫をするといった、精密な論理の積み重ねです。そういうときに日常、大学時代とかで経験することは、気安く友達に聞く。ちょっとそうした方面に詳しい仲の良い友達に聞くと、「いや、じつはここはこうじゃないか」と教えてくれる。あるいはもうちょっと前の中学・高校時代でいうと、「いや、キャッチ・アップ・ウィズでここの助詞はウィズだよ」とか、そういうように気安く友達からロジックを聞いていたわけです。でも、そういう友達というのは自分と五十歩百歩のところがあって、よく間違いも教えるるし、教え方がまずかったりするわけです。

だから、本当は逆で、こう考えたらいいんじゃないか。先生というのはいわばロジックのエキスパートである。ロジックを伝えることはできる。物理学の先生はなんでいるかというと、じつはパースペクティブがあるからじゃなくて、その人が積み上げてきたロジックによって、物理学を語れるからだ。だから、いくら近づきがたいという障壁があっても、知識に関すること、あるいは細かい論理に関することは、あえて先生のところへ行くべきです。もっとも、それこそ先生と呼べる人であればよくて、年齢とか関係ないです。コンピュータのエキスパートであれば、若い学生でも先生であるし、野草のことにくわしい学生であれば、若くても自分にとっては野草の先生になる。だけど、その人に別に研究のパースペクティブを聞くわけじゃない。

そうすると、ロジックは先生に学んで、パースペクティブを学ぶ相手というのは、ぼくは親が良いと思うのです。要するに、たとえば自分の親が工場の社長だった、自分の親が学校の先生だったとして、自分がやっているチンパンジーの研究、自分がやっている脳型コンピュータの研究といっさい関係ない人でも、ちゃんとそれなりにこの社会で生きてご飯を食べて、家庭を作って子供を育てて、立派な社会人としてやっているわけです。自分が研究しようとしていることをその人にわかる言葉で説明できて、その人が、「うん、なるほどそうか、お前がそう言うのだったら、そうするのもいいんじゃないか」

と言ってもらえるようなものが、パースペクティブだと思うのです。

親に説明してもわからない。

「なんでお前は英米文学をやっているの」

と問われて、

「好きだから」

では説明にならないわけです。こうこう考えて、こうするとこうなって、こんなふうに自分の将来を考えているから、自分はこうしたい。親は、子供の将来を案じたまさにパースペクティブのなかで、子供のやりたいことを評価してくれるわけだから、パースペクティブは親に聞け、ロジックは先生に聞け。

そしてモチベーションのところだけ、ここがすごく難しいと思うのですけど、やっぱりそれは友人とか、もっといえば恋人とか、あるいはそれが生涯のパートナーであればいいですけれども、常にシンパシーを持って接してくれる人から得るべきでしょう。どういうパースペクティブで、どういうロジックでやっているか、全然わからなくていいのです、ただやることに対して、常に肯定的に答えてくれる人だという点が大切です。

どこかの時点で松本先生がおっしゃっていましたけれども、常に積極的に承認し、「すばらしい」と言ってくれる存在、それがモチベーションです。だから、バイオリンの教授法で知られる鈴木メソードのこともそうだと思うのですけど、良い音楽を聴いて、良いという感動を受けても、「いや、じつはね、あんなものは……」という形で冷水を浴びせられてはいけなくて、そういう感動の芽をはぐくんでいくには、常に良いほうへ良いほうへモチベーションをかき立ててくれるような人の存在が大切なんじゃないかと思うのです。

松本　それが意欲になって、人を動かしますからね。

松本元のモチベーションを探る

松沢　そういう意味で言って、先生にとって、モチベーションというのは何だったのですか。

松本　最初は母親の愛情でしょうか。母はどんなときもぼくを信頼し、すべての行動を肯定してくれたと思いますね。五歳のころ、戦争中で、東京に住んでいましたから毎晩定時に敵の飛行機が焼夷弾を落とし、また探照灯がそれを照らす。灯火管制で電気の明かりがまったくない真暗な空で、防空壕に入るとき眺めたあの光景は忘れようにも忘れられません。小さいころですから、この空の下で人が殺されたりしているという実感がないので、あの美しさに感動したものです。茫然と立ちつくして空をあおいで見ているぼくの横で、一緒に立ってしばらくいてくれ、その後で、

「もう防空壕に入りましょう」

と言って一緒に入る、という人でした。どんな状況下でも、ぼくの眺めている方向を一緒に眺め、そのことを肯定しぼくを信頼してくれた母が、ぼくの人生に対する意欲の源

だったように思います。小学校に入ってベーゴマ遊びに熱中しているときでさえ、このことは変わらなかった。

研究の初期においても、かなりそういうところがあって、固体物理の世界でも、まああの仕事はできていたと思うのです。名誉心だけなら、それで満足できたのかもしれない。でも単なる仲間うちの名誉心を満足させるだけで研究に没頭できたか、というとそうでもない。

何か知らないけれども、一生涯それで終えたとして、本当に自分が満足できるかというと、それだけでは満足できない何かを感じて、苛立っていたところが大学院を終わって助手をしていたころです。コンピュータをやめたにもかかわらず物理学に行ったというのは、やっぱり自然を理解したいというモチベーションがあったのです。物理は自然哲学観です。自然を論理的、体系的にどう理解できるか。リンゴが木から落っこちるのも、地球が太陽の周りを回るのも、現象としてはまったく違うように見えるけれども、じつはニュートンのこういう法則で書けるというのは、非常に知的感動を呼びます。それでロケットもこの式で上がったんだよと言われると、すごいと思ってしまうわけです。

だから、そういう法則を何か一つ自分で見つけられたら、それは名誉なことでもあるのでしょう。それがいちばんの感動であり、それを得たいなという気持ちが、ぼくの人生最大のモチベーションである、と思います。それが固体物理のなかにないのではないかと思ってしまったわけです。物事が不思議と思えるのは、従来の哲学観から見ると、とても説明できそうもないから不思議に見えるわけでしょう。そうすると、この不思議に思える現象の理解には、従来の哲学観の適用の仕方が悪いのか、哲学観自体に変更を及ぼすような現象であるのか、このどっちかです。そして、従来の哲学観に変更をもたらさずに解決できる不思議さを扱う限り、単に自然哲学の適用の仕方を勉強していっているにすぎない、と思えたのです。もともと道具をこういうふうに使わなければいけないのを、皆が変なふうに使っているから、不思議に思えているだけということになります。もともとの哲学観に変更を起こさないような不思議は、不思議でもなんでもなくて、不思議に見えるだけの不思議ということになります。

固体物理の扱っている現象は、不思議だ、不思議だと言いながら、不思議に見えるだけの不思議さの範疇に入るものが多く、本質的に不思議というものは、「死に物」には少ないと、思ってしまったのです。

松沢　生物だと。

松本　生物の不思議さは、本質的な不思議さだと。森所長に言われたときにハッと思ったのです。このことは、森所長に言われる前から、ひょっとするとぼくの心のなかに培われていたように思います。しかし、生物にまで踏み込む勇気がなかったのですね。それまで全然なじみがないし、あれは大変な世界だろうと思っていたわけです。そうした

ら、森所長がまったく普通の顔で、

「脳のようなコンピュータを作りたいので、物理をした人が脳の研究をしてくれるといいな」

と簡単に言うじゃありませんか。この一言が、ぼくのなかから、今まで魅力的であるけど踏み込めない脳の周りの高い障壁を取り除いてくれた、といえると思います。それほど、さりげない言葉だったのです。そこには小さいころから多くの先生から言われ、魅力的に思ってきたすべてがあるじゃないですか。コンピュータもあるし、生物の神秘というのが新しい哲学観を作るかもしれない。物理としても圧倒的におもしろいし、工学としても新しい味があるし、どれを取っても、どんなに苦労してもやりがいがあるなと。だから、ワンダフルというのはほんとうにワンダフルで、ワンダー(不思議)がフル(いっぱい)なのがワンダフル(素敵)なのですね。

また、今現在のモチベーションは、日本としての独自の科学技術文化を創り出したいということです。そして新しい自然哲学観の論文を外国の雑誌に掲載するのでなく、自分たちの価値観のなかで判断して世界に問うようになりたいものです。外国の雑誌にわれわれの論文を送るということは、外国の基準で評価を受けるということで、日本独自の価値(文化)を築くのが難しくなりますよね。

松沢　その通りですね。

松本　通産省（現在の経済産業省）に呼ばれて、君が科学をやっているモチベーションを、一言で教えてほしいという質問をされたことがありました。これは一言だからね。「国体の護持である」と言ったのです。

皆さん、びっくりしてね。誤解のないように言っておくのだけど……。

松沢　もちろん、誰にしても誤解しますよ、それ（笑）。

松本　つまりね、日本国と日本国民が世界から尊敬される、そういう科学技術文化を創り上げ、それによってわれわれ日本人もいきいき生き、それが世界に良き薫りとなって伝えられ影響していくようなものでありたい、という意味です。

われわれの人生観、生きがい観というのは、個人としてはいきいき生きることだと思うのですが、いきいき生きることの一つの大きい要因として、心理学でよく自己実現といいます。自己実現というのは、自分なりの価値をしっかり持っていくことです。それは若いうちはいろいろあるけれども、ある程度の年齢や社会のなかでの地位のところに来たら、自分の価値観をはっきりして、その置かれた社会の拘束条件のなかで自分が最大限に役割が演じられ、そのことがまた自分の置かれている社会に還元できるようになることが、大切だと思う。そして、自分と違う経験のなかで作ってきた他人の価値というものも認め合う。お互いの価値を認め合って生きる社会があって、豊かな社会構成ができると思うわけです。

だけど、個人の生きがい観のための価値の上に、日本という一つの社会も、一つの文化という価値を持ってくるわけです。いつも日本としての価値観、文化というのを持って、アメリカの価値観と対等に渡り合わないと、科学においても、アメリカの価値観、評価のなかで、われわれのやった仕事をいつも評価してもらうというのでは、向こうの価値観、間尺に合わせて科学をやっているということでしょう。

だから、日本独自の価値観を科学のなかに作っていかなければ、日本でやっている科学にならない。日本でも科学をやっているという、「でもやっている」になってしまうわけです。日本としてやっている、日本でなければできない科学とは何かというのを最終的に創っていかなければいけないわけです。

だから、本当は日本にも『ネイチャー』、『サイエンス』並みの独自の雑誌を作って、日本の研究者はそこに日本独自の科学、日本独自の価値観を持つような科学的な発表をできるような場があってほしいなと思うわけです。それができるまでには時間がかかるかもしれない。だけど、そういうふうなものを持たないと、結局、外国の価値観に合わせて外国の科学を創り続けることになる。

科学はインターナショナルだ、といわれるかもしれない。インターナショナルとは、外国の価値(文化)に適合することではなく、日本独自の価値(文化)を創り出し、外国の自然科学の価値も認め、この多様な自然科学の価値観を互いに理解し認め合うということが出発点でしょう。日本人として生まれてきて、先人の築きあげてきた文化のなかにあって、日本という文化をいつも大切にする社会を作っていかなくては、日本人としてのアイデンティティーが失われる。アイデンティティーを失うことがインターナショナルであると誤解する人がいますが、それは逆です。互いの違いを知って、それを認め共存することです。武者小路実篤の言う、「君は君、われはわれなり、されど仲良き」ということだと思います。

たとえば外国は、言語的な論理を非常に重要視するでしょう。あそこまで言わなくてもいいのにというくらい、論理の詰めを徹底しないと、わかったというふうにならないわけです。日本人はそこまで詰めないで、情感でもって残しておくという、非言語的なものがあるじゃないですか。脳の研究からはっきりわかったことは、言葉それ自体に意味がないのですから、言葉の論理をあまりに追究するという文化はこれからの国際社会に必ずしも適しているとはいえないのです。

いくら言葉を論理で詰めても、「お釣り」の例のように、言葉というのはその文化的背景が違えばニュアンスが違ってしまう。言葉そのものに意味はなく、意味は言葉の受け取り手の脳から出力するのです。けれども、先生がやっているような領野は特にそうだと思うのですが、人とのかかわりが非常に大きくなって、情動が入ってくるようになったら、文化というものが必ず言葉のなかに入ってきてしまうから、言葉だけで記載するという範疇では漏れ落ちてくることがある。漏れ落ちるどころか非常に大きい誤解を生じてしまうようなことが出てくる。

そこのところに日本があいまいだとか何とかといわれるのは、向こうの人から見ればあいまいなのだけれども、日本人としては、そのほうがある意味ではコミュニケーションにとっては良いいばあいがあるわけです。そういうための文化というのを創っていく良い土壌を先人は用意してくれたのではないか。

インターネットの世の中になって、そこで情感がどういうふうに伝わるかが問題なのです。これからは、人文社会科学が従来やってきた領域に自然科学が入ってくるわけだから、難しくなってくるわけです。そういう領野を日本が開拓し始め、科学もそういうところへ入ってきたときに日本の古来、持ってきた文化というものがいよいよ生きてくる、そういうところになってくるのじゃないか。

日本はこれから世界にとっても本当に大切で、世界で日本ぐらい特異な位置はひょっとするとないかもしれない。われわれはこのことを大切にして、科学していきたいものです。

宗教と科学、認識と直感のマトリックス

松本　話は変わりますが、脳は、先ほど申し上げたように、仮説立証主義を採用していることから、逆に脳が仮説を立てられず、答を検索すべき方向性が与えられないと、ここでもフリー・ランを起こし混乱してしまうことになります。

そこで、脳ははっきりした向かうべき方向としての仮説、言い換えると確信がほしいわけです。このことが信仰の起源ではないか、と思うのです。新約聖書『ヘブル人への手紙』の一一章一節に、

「信仰とは望んでいる事柄を確信し、いまだ見ていない事実を確認することである」と記されています。われわれは何かを確信することで、自分で思ってもみないような大きな力を得て、大きな仕事を成就したり難局を奇跡的に克服したりし、われわれを動かす「大きな存在」を実感することがあります。こうした実感が信仰をさらに確信させ、大きな存在として神を思うことにつながって、宗教という体系へと発展したのではないかと思うのです。

これに対し、従来の科学は、現象の追求の結果として、最後に確信が得られるわけでしょう。確信が先に来るなんてことはあり得ない。だから、科学と宗教というのは非常

に対立する存在で、水と油みたいに融合しなかったわけです。

松沢　でも先生、今、科学と宗教の相容れない部分を確信と実証の方向性でご説明になりましたけど、たとえばもうちょっと歴史のなかで考えると、たとえば中世の錬金術によって科学がだいぶ進みましたよね。

その錬金術でいえば、金を作る、逆にいえば金が作れるという確信の下に全知識を集積していったプロセスです。だから、それはまさに宗教的です。だからこそ、現在に至る科学的根拠のない無謀なこと……同じように哲学的な命題で言えば、エーテル生気説みたいな、エーテルがすべての根源的な力だと信じて、そこから論を立てていくわけでしょう。

ですから、ロジックそれ自体はいかに合理的に積み上げられていても、確信というものが間違っているということは、科学の世界でも、歴史的にはままあったと思うのですが。

松本　だけど、それが反省点になって、近代科学は先に確信というものを置かないで、積み上げ方式というか、に変わってきたわけです。

しかし、言えることは、科学そのものはボトムアップの積み上げでも、なにか新しい概念的なものを科学のなかに創り出した科学者は仮説立証のトップダウン方式を自然に使っていたということでしょう。こうしないと脳はフル回転せず、創造性と呼ばれるような脳の限界に挑戦しようという所作を完遂できないことになりますからね。

松沢　そうですね。現実にはボトムアップとトップダウンという形で、ヒトの認知的な処理プロセスを表現します。科学的な思惟のばあいも、確かにボトムアップにプロセスは積み上げるけれども、多くの画期的な発見というものはやっぱりトップダウン、仮説です。

直感とかインスピレーションとか、湯川秀樹さんが夢から覚めて枕元に発想をメモ書きしたとか、ニュートンがリンゴが木から落ちるのを見てとか、そういう話は皆好きです。あるいはヘレン・ケラーが手を水にやっているときに「ウォーター」と指文字をつづられて物に名前があることが初めてわかったとか。ぼくはあれは全部、違うと思うのですが。

松本　ウソでしょうね。

松沢　ええ、ウソです。それは水面に出た氷山の一角のことを言っているのであって、その下に膨大に眠っている知識の蓄積なりヒストリーというものを無視して、その一点だけ取り出しても、あまり正しくないと思うのです。ということは、トップダウンのように見えても、ボトムアップしているものがあるし、ボトムアップしていても、それこそ方向がないボトムアップというのは、いつまで経っても水面へ出られない。どこかにトップダウンが、きっとこっちのほうが正しいんじゃないかなと思って努力を収斂していく方向があるでしょう。

松本　そこで、脳の二重構造というものを考えたいわけです。脳は二重構造だから、認知情報処理系をよく鍛えていた人と、全体的な直感、価値情報系を鍛えた人というのは違うのです。直感全体意味型というのは、どちらかというと体育系というか、情報をパッとわかってすぐ反応(行動)に出すというタイプです。たとえば野球の長嶋茂雄監督はこの型の人でしょう。入力情報の総合判断力が秀れていて、その意味をすぐに把握し行動に移せる。そして、外部状況が変わると、それに即応して行動も変える。他人から見るとアバウトと見えますよね。ぼくもどちらかというとこのタイプなんです。全体直感型というのは判断が早いから行動が早い。松沢先生も割合、そっちじゃないですかね。

松沢　もう少ししなやかな気がしますけどね(笑)。

松本　すいませんね(笑)。

松沢　もう少ししなやかにありたいと思います。

松本　だけど、これはしなやかなんです。直感直情型というのは、まず全体の局面に関して、ここここは大切だと、全体の意味を見るわけでしょう。それで認知情報処理系がそのなかを細かく分析して、ここの一手を指す。これが将棋の羽生善治名人の頭の使い方ですよ。少なくとも盤上の局面では彼はそれができる。しかし、そこまで両方のプロセスを極めることができる人間というのは極めて少ない。そして、脳型コンピュータはまさしく両方できる。コンピュータならそれが作れる。だから羽生名人以上の将棋指しのコンピュータもたぶんできます。そういうコンピュータを作るのは目的じゃないですけどね。

松沢 でも、確かに相対的にはどちらがどっちのというタイプ分けをして世界を見ることもできるけれども、一方しか働かないという人はいないはずだし、ちゃんと皆、両方働かせてやっているんだと思うのですが。

松本 もちろん、両者の重み付けの違い、割合の差ですよね。確信が強く働いて行動にすぐ出て、認知情報の裏付けをあまりとらない、というタイプが一方の極端で、もう一方の極端は確信するものが自分で設定できず、人からこれが与えられると緻密な認知情報処理がおこなえるというタイプで、この中間はいくらでもあると言えますね。

松沢 『社会生物学』のなかで、エドワード・ウィルソンが指摘していることなのですけど、彼の立場からいうと、個体の行動、学習プロセス、社会、倫理観、道徳、宗教、言語、みんな遺伝子というものが深く関与している。

宗教に話を戻しますが、そういう立場で、歴史的にヒトがたどってきたプロセスを考えると、宗教はせいぜいホモ・サピエンスの時代になって出てきたものであって、化石人類を含めたヒトのすごく長い歴史のなかでいったら、たかだか一万年とか二万年とか前の出来事でしょう。それより前のヒト、そこから四四〇万年前のラミダス猿人まで確かに人類なのだけど、それらの化石人類は持っていないのです。今、ネアンデルタール人が宗教的な儀礼として死者を弔った形跡があるとか、そういう議論はありますが、それだって数万年前です。そうすると、たかだか一、二万年前にそういう宗教的な起源があって、ホモ・サピエンスは確かに宗教を持つ。

だけど、いろいろな社会で分類してみると、たとえば遊牧民と農耕民で大きく分けてみると、それは文化人類学的な視野に基づいてウィルソンが指摘しているのですが、一神教というのは遊牧民に多いのです。日本の土着の宗教、神道のようなアニミズム、あらゆるものに神性を認めるというのはどちらかというと農耕民の宗教です。そうすると、なぜかということになります。どうしてそう片寄るのか。

それに対して、社会生態学的な環境からの制約、要するに環境への適応として、遺伝子を基に社会システムや倫理観や宗教観をヒトは変えていったというように考えるわけですから、たとえば砂漠でラクダ、あるいはヒツジの放牧でもいいのですけど、オアシスの水を求めてあっちへ行くべきか、こっちへ行くべきか、すごく問題なのです。そこで選択を誤ると、死に至るという状況が、遊牧民のばあいには、それが日常のなかに深く入っている。

そうすると、あの人の言っていることも正しい、この人が言っていることも正しい、どっちが正しいかわからないでは困る。唯一、信じるものは、それこそまさにそうだと合理的な思惟によって考える以前に、あれが正しいと確信してそちらに付いていくということのほうが、基本的には生き長らえる、適応的な行動だった。だから、そういう自然環境のもとで、遊牧という生業を営む人たちのなかでは一神教が生み出されていった。ぼくはそういう説明のほうに合理性を感じるわけです。

松本　ぼくもそうです。だから、信仰というものにはまず確信が必要である。確信があれば、確信の誘導する方向に脳は働くので、それで脳活性も非常に上がり、よく働きます。ですから、自分で思ってもみなかったようなことができてしまう。そうすると、「それは神様が」という、そういう思いになりますよね。

松沢　原因帰属としてね。

松本　ええ、原因帰属としてね。そのときに、そういう非常に酷な状況下にある人としては、確信の源として一神教のほうが結果としては非常にうまくいきやすい。だから、一神教の教義を信じることになっていく。いずれにしても、確信というものがわれわれは非常にほしくて、そう信じたときに脳がいちばん活性化し、自分では考えられないような力が出るという脳の不思議さというか、そういうメカニズムが、宗教のいちばんの根源的な起源ではないかと思うわけです。

それが、たとえばキリスト教になると、脳活性を上げるいちばんの要因は、愛であり、人を受け入れられることである。それはさらに脳の仕組みの深いところを突いていると思うのですが、そういうもっと内容に立ち入った教義というものができてくる。この結果、キリスト教を信じている人は、すばらしい生き方をしている人が多いし、人間的にもすばらしい人はいっぱいいるわけです。

宗教と科学は、従来の科学観のなかでは対立してきたかもしれないけれども、遺伝子が獲得した意図というか、戦略という視点に立って脳ができていく過程を調べてみると、それは宗教がやってきたことに非常によく合致しているというふうに考えられて、科学と宗教はそれほど違和感がなくなる。

宗教が人に精神的な安らぎを与え、生きがい感を人に与えるものであるならば、脳科学はこのことを少なくとも説明できなくてはならない、と思うのです。そのきざしがようやく見え、科学と宗教が一元的な立場から語れる時代がもう近くに来ていると思えるのです。

第11章　人間が人間的であるために、そして豊かであるように

アイは共に育つパートナー

松本　アイ・プロジェクトでは今度「ドーム」という実験者と被験者の関係を逆転したステージを作られ、またアフリカでフィールドワークをされて、松沢先生のご関心は、要はチンパンジーを介した人間社会、個性とか、ヒト自身の理解ですよね。

松沢　そうですね。でも、常にヒトを理解するための手段と考えるわけではなくて、チンパンジーのことを知ることが、即、同時に自分自身を知ることになる。同じ論法で、実験室での非常に統制が取れた条件でのチンパンジーの認知機能の研究が、即、野生のチンパンジーの、なぜああいう暮らしを営んでいるかということへの理解にもつながる。逆に野生のチンパンジーを見ることが、そういう暮らしを成り立たせているチンパンジーの知性に目を向けさせて、実験室的な実験の妥当性を保証している。そういうようになればいいなと思っているのです。

はっきり言って、この二〇年近くの研究は、ヒト一人、チンパンジー一人のなかに畳み込まれて認識される世界観を問題にしていた。一度、それを取り払って、どんなに単純で素朴な認識でもいいから、二人いて初めて問題になるような認識の世界、社会的な場ではぐくまれる知性を何とか探っていきたいと思います。

野外では見ているのです。ははあ、五年間もお母さんは子供を胸に抱いて寝ているんだなとか。石器を使ったアブラヤシの実割りなんかのばあいには、子供は一〇年ぐらいかかって、その地域の文化的な伝統としての道具が使えるようになるのだなとか。そういうものを見ていると、複雑なものを複雑なまま理解するという理解の仕方もあると思うのですが、それがいわば人文学的な理解だとすると、科学というのは良くも悪くも、複雑なものをより簡単な節約した原理や法則や思考のなかにまとめてみることだ。それはあながち間違っていなくて、どんな複雑なものでも的確な面に射影してみれば、その姿がパッとくっきり映るということはあるわけでしょう。

だから、そういう努力としての科学的な理解、チンパンジーを丸ごと理解できたらいいのだけど、それが難しいのであれば、その丸ごとをうまく映し出している一つの面を、特に個体と個体との間に成り立つそういう面を探したい。

ヒトをいくら見ても、人間関係というのはわからないわけです、人間関係というのはヒトとヒトの間にできるものだから。同じように、チンパンジーとチンパンジーの間にできるチンパンジー関係に基づくところのチンパンジーの社会としてのまとまり、そういうものに反映されるチンパンジーの知性、世界観というのを実験的にうまく取り出すような工夫が必要だと思うのです。

そうすると、今やろうとしているのはチンパンジーの一生の丸ごとの研究だと思います。アイも一九になった。チンパンジーのばあいは、女の子がだいたい九歳ぐらいで初潮を迎え、一二、三歳で赤ん坊を産み始めて、寿命が四〇〜五〇年なのです。ヒトは人生七〇〜八〇年と考えて、初潮は約一二歳、子供を産み出すのが約二〇歳を超えているでしょう。ライフサイクルを一・五倍すると、チンパンジーとヒトはほぼ釣り合うわけです。

そうすると、アイはヒトでいうと、だいたい二八、九歳のお嬢さんになっているわけですから、本来ならそろそろ子供を持っている。子供を持ったなかでアイは自分が習いおぼえたものをどんなふうに子供に伝えるのか。アクティブ・ティーチングがないのだとしたら、子供はどんな形で母親がやっていることを学ぶのか。母親が一生懸命、勉強をやっているその後ろ姿を見て学ぶのだとしたら、後ろ姿のどこを見て学ぶのか。それを科学的、客観的な手法で、ちょうどチンパンジーの色の見えを図形文字によってわれわれが認識し得たように、チンパンジーの教育や学習のプロセスを社会的な場面において、うまく切り出せたらいいなと思っています。

すでにそういう実験を学生と共同で始めているのですが、具体的には日常の生活場面で、たとえばドームのところに、水の代わりにジュースがあるという場面を設定する。木のうろにたまったジュースが飲める。道具は運動場のなかに、ヒバだのツバキだの、いろいろな木が生えているのですが、そういった木の枝を折り取ってきて、そのジュースを飲む道具に使う。そういった場面で、誰がいつ、どんなふうに道具を使い始め、それを誰がいつどんなふうに「真似」ていくのか。そういったプロセスを研究し始めています。

同じように、ブースで学んだ、アルファベットで書くとか数を数えるとか。そういった場面も、ドームのほうへ持ち出せます。チンパンジーが普段に暮らしているところで、あるチンパンジーだけはそういった道具的知性を使ってタッチスクリーン付きコンピュータを使いこなして、ある特定の良い利益を得ているわけです。ほかのチンパンジーがどの部分を真似ていけるのか。

どの部分をというのは、タッチスクリーンに映し出された文字それ自体まで観察を通じて学ぶのか。あるいは、タッチスクリーンと物に触れればいいんだなという大まかな枠組みだけを学ぶのか。それは母親から学ぶのか、あるいは友達から学ぶのかといったことで、実際、野外で起こっていることをうまくシミュレートするような系を作りたい。

だから、ぼくらのばあい、規模はすごく大きいけれども、基本的には自然環境、人工環境というような、レベルを越えて通用するような、一つの分析の視点があると思うのですが、そういう社会関係を実験的に分析する場を犬山に作りつつ、その母群である、鏡に映し出すべき真実の姿としての野生の暮らしをいつも片目で見ている。複眼的に、一方はいつも野生チンパンジーを見ながら、そういう背景のなかに置いて、実験的な科学的な研究を進めていくことができればいいなと思っているのです。

チンパンジーのばあい、寿命が長いでしょう。四〇～五〇年ですよね。ぼくも、松本先生よりは若いといっても、京都大学の退官は六三歳ですから、あと二〇年を切りました。あと二〇年というと、アイも三八とか九とか年老いていく。ぼくも年老いていく。

そういうなかで、自分も加齢というものを日々、噛みしめている。近点がかなり遠くなったなとか、物がぼやけて見えるぞとか、心臓の調子が最近ちょっと悪いなとか、腰が痛いなとか、あるいは記憶力が機械的になら一二桁ぐらいはおぼえられたのに、階層的なメモリにしないと無意味な数字列がおぼえられないぞとか。そういったことを日々、経験しながら横目で見ていると、アイのほうも確かにかつてのスーパー・チンパンジーと、あえて誤解を承知の上で、思い入れもあって、そう呼んでいたアイではなくなって、人格的にもすごくすてきなチンパンジーになったけど、本当に普通のチンパンジーになってきたなという面もあるのです。

松本　先生から親離れしたんじゃないですか(笑)。

松沢　知性は盛り上がり、それから緩やかに下っていきます。緩やかに下っていき、かつ終焉を迎えるまでの過程もまたすばらしい。何もおぼえるだけが知性じゃないわけでしょう。

松本　下ってはいないのでしょう。取り込むものが少なくなって、獲得したものの個性というか、知性としての特異性に磨きをかけているという段階なのじゃないでしょうか。

松沢　ありがとうございます。今はそういう段階だと思うのですが、でも、その一〇年後と考えていくと、やっぱり緩やかに、海に流れ込んでいくような知性の下り坂というのはあると思うのです。ぼく自身でいうと、それがすごく楽しみです。ある意味での上昇志向というようなものから、チンパンジーを研究したおかげで本当に切れてしまった部分があって、老いていくことに対する楽しみというか、自分の知性が欠落し、崩壊していくのもやっぱり楽しいじゃないですか。

松本　自分としてのタイプができてくるわけですからね。

松沢　ええ。だから、そういうものも客観的に傍から見て楽しんでいけるような、チンパンジーはそんな良い対象なのです。イヌだったら寿命がせいぜい一五年とか、ラット・マウスだったら寿命が三年で、自分の生活史に重ねては対象を理解できない。自分が生きてきて大きくなっていく過程で横目にチンパンジーを見ながら、自分が老いていくプロセスで相手も老いていくプロセスを見て、生涯を通じてチンパンジーのことを研究できたとしたら、そう神様が許してくれたら、まだ二〇年ぐらい時間がありますが、やっぱりすごく嬉しいというか……。

松本　それはいちばん幸せですね。

松沢　だから、そういう意味で、「松沢さん？　ああ、チンパンジーの人ね」という形になれば、わが喜びという、そういう長い射程でチンパンジーをぜひとも理解したい。それは同時代に生きている、たくさんの人も同じです。それぞれの人がそれぞれの社会で、それぞれかけがえのない一回きりの人生を生きている。ぼくのほうが良いとか悪いとか、高いとか低いとか言っているのではなくて、研究についていえば、わたしはこう生きてきた人生に満足しています。「チンパンジー学」をめざして、きっとこれからも楽しんでいくでしょう。

そして、チンパンジーに関して現場主義・体感主義といった立場から、自分が見たもの、聞いたもの、感じたもの、とにかく自分というもののフィルターを通して実感したものを、チンパンジーを見ることのできない他の多くの人に、こんなものでしたよということを、こういうメディアを使って、メッセージとして出していくこと、それがミッションなのかなと思います。

松本　聞いている人にも、単にチンパンジーに関する知識だけでなく、松沢先生がチンパンジーとのかかわりのなかで体験した感動が同時に伝わってきます。それがまた先生の大学での人気になっているんじゃないですかね。

若い人はそういう点は非常に素直でしょう。感動のあるところに共感し、単なる知識の切り売りの無感動さには退屈する、そこははっきりしていますから。感動のないものでは、どうでもいいことを教えられているというか、若い人は聞く耳を持たない。昔の人は先生が権威であって抑えが利いた時代だから、無理して聞いてくれたかも知れませんが、今の人はこの点はっきりしていますからね。

人間が人間的であるために

松沢　ところで、脳型コンピュータというのは、だいたい松本先生の目の黒いうちに……。

松本　それはわからないですね。そんなに急ぐ必要はないと思うし、本当にこういうコンピュータを作ることが社会にとっていいかどうかというのも非常に問題です。むしろ、こういうコンピュータを作ることで、ヒトというものがこういうものであるというのがわかったほうが、実際はいろいろな意味で、自分にとっても社会にとっても良いのではないかと思います。

松沢　脳というハードウェアそれ自体は遺伝子の産物だから、普通は何百万年をかけてゆっくり変わっていくものです。いかに突然変異というものを介していても、実際は長い時間のなかで変わってきている。それに比べて、たかだか数十年とか、数百年とか、数千年の時間で、進化史的な長い時間のなかのごく短い時間で変わっている環境変化というのは、脳がとても適応できないような変化だと思うのです。

そういう意味では、われわれの生物としての脳は変わっていない。ネアンデルタール人からも、ホモ・エレクトゥスからも、そんなには変わっていない。あるいは今生きている進化の隣人としてのチンパンジーともそうは違わないんだというしっかりした認識がないと、脳というものが作り出した産物に逆に振り回されるというか、環境や歴史までバーチャル・リアリティーで作っていくような、そういった時代の入口に来ているような気がします。だからこそ実物を見ろというか、実物に触れろというか、実物を手で触って感じて、自分の脳が確信するものを基に、もっと行動する必要があるような気がするのです。

松本　そうですよね。脳型コンピュータを作る工学的意味は、ポジティブに考えればいくつかあると思うのです。繰り返しになりますが、今のコンピュータはとにかくプログラム稼働です。だからプログラムで書いたことはよくできる。けれども、書かないことはまったく対応できない。かたいんです。今のコンピュータは計算汎用性があることは証明されているので、何でもできる。できるのだけれども、そのためにはマニュアルを完璧に与えなければいけない。

このマニュアルを完璧に作るということを今やっているわけですが、これはなかなか大変です。しかも、このマニュアルを完璧に作れたとしても、マニュアル通りにしか動かないコンピュータは、人間の道具としては非常に問題があるのです。

というのは、脳は学習経験によって脳の情報処理のタイプを作るので、マニュアル型のコンピュータを使い続けると、人がマニュアル型人間になってしまうのです。今の道具はとにかくわれわれの手足になり、あれば便利というものだった。それが肉体労働の軽減であれば良かったのだけれども、計算機というのは精神、脳の代行物ですから、コンピュータの特性に脳が適応してしまうと、人としてなくてはならないものまで失いかねないのです。そういう人は今いっぱいいます。

この前、フランクフルト―ロンドン経由でヨーロッパから帰ってきたのです。某航空会社の飛行機で帰ってきたら、フランクフルトで誤って最終の切符を切られてしまった。六人一行で来たのですが、六人とも切られてしまったのです。そうしたら、ロンドン空港のその航空会社の日本人女性のカウンターの人が、これは受け付けられないと言うんですね。ロンドン―成田の切符がなくなってしまっているから、あなた方は帰れませんってね。

切符はそうなんだけど、われわれはもうコンピュータにちゃんと入力されている。ちょっと見てくれと言うと、ちゃんと登録されている。身分証明書もここにあるし、切符も買ったことは認める。だけど、ここのカウンターではこの切符が付いていない以上、お乗せするわけにはいかない。席もあそこに確保されているんじゃないのと言ったら、空いていると言うのです。だけども、お乗せできませんってね。

どうしてそうなんだと言ったら、

「そういうふうにわたしはトレーニングされてきました」

と。あなたは、われわれ一行が切符を買い、フランクフルトで誤って切符を切られてしまったことを認めているわけだから、いかにして乗客を安全に気持ちよく日本へ帰すかということが主目的ではありませんかと言ったら、そんなことはありません。わたしはこういうふうに習ったのですから、そうしなければわたしの責任は果たせないと言う。じゃあ、すみません、上司の方をお願いしますと言った。そうしたら、上司はイギリス人ですよ、英語でしゃべらなければいけませんよと言うから、一応、英語もしゃべれますのでお願いしますと言って、上司に言ったら、一言でＯＫとなった(笑)。そうしたら、今度、その人は上司に、なんで許可したと噛みついているわけです。わたしはあなたに訓練を受けたわけでしょうとね。われわれはもう上司がＯＫにしたのだから、そのままカウンターを通り、飛行機に乗って帰国しましたが、一時間以上もこのことでゴタゴタしたのです。この人は、マニュアル通りの手続き訓練を十二分に受けたが、カウンターの係のいちばん大切な使命は何かという視点から適宜な判断を下す能力を失ってしまったといえるでしょう。これでは人間的な温もりのある交流が難しくなってしまうのが恐ろしいと思いました。

松沢　ロボットだね。

松本　従来のマニュアル型のコンピュータで情報化がどんどん進むと、人間がマニュアル化され、不測の事態に人や社会が対応できないということになりかねないのです。対象としている事象に関する全体的な意味を把握して、その意味する事柄についての論理の裏打ちを検討するというふうに情報処理をしない。この事象にはこう対処するというマニュアルを作ってすべてのことを成しとげるというのは所詮、実世界対応には向いていないのです。このようなマニュアル型の情報社会では、人の情という最も大切なことを最優先しないだけでなく、社会の危機管理もできません。

たとえば、自動車の自動安全走行システムを今のコンピュータで作ることを考えてもわかります。サーキット上を自動安全走行できるシステムはできても、町中を安全に走行できるシステムは絶対できない。町中では必ず不測の事態が生じるからです。多くの人は、安全システムとしてコンピュータを信じていますが、なにが起こるかわからないような実社会にはとても使えないものなのです。マニュアル型の律法では人や社会のような実社会に対応できないことは、聖書の世界でイエス・キリストが示したことですよね。それで旧約聖書から新約聖書への変化が生じているといえます。

それを人間や社会の管理・制御に使うのですから、人間の側がこのコンピュータの負債をしょい込むことになるのです。たとえば、教育の現場にコンピュータを持ち込んだことから、マークシート方式や偏差値評価をおこなうということになりますね。これは、コンピュータのためです。その結果、先生は、問題を与えられたらやさしい問題からやりなさいと教えざるを得ないわけです。そういうふうにしないと点を取れないからです。いちばん最初に難しい問題に取り組んでしまったら駄目ですから、できそうな問題を探してはパッパッとやっていくことを学習します。そうすると、それが習い性になって、そういう人間になってしまう。

すなわち、学校でやさしい問題から取り組むだけじゃなくて、社会に出ても、自分にできそうな問題は何かなと探して、それだけをこなして一生涯を過ごす人間になってしまう。夢みたいなものには取り組まない。夢というのは簡単にできないからこそ夢であって、そういう問題をやるなという禁止令を、学校教育の長い偏差値教育の結果として獲得してしまっている。今の若者に挑戦の気概がないというのは、若者が悪いんじゃない。そういうふうにした大人の側、社会の側に責任があるのです。

われわれの脳型コンピュータがもし何か意味があるとすると、情報化社会にさらに進展していったばあいにおいても人間を本当に人間らしく保たせることの道具として使えると思いたいのです。また、そうしていけることを願っています。

脳型コンピュータは脳と同型の情報処理システムなので、人間としていちばん大切なもの、人間を人間たらしめているものを最後に残すような仕組みとして、いくらか役に立つかもしれないという希望を持っている。しかし、それが本当にそうかどうかというのは、やってみないと、作ってみないとじつはわからないところもあるのです。

コンピュータ社会の到来というのは、従来の道具革命とはまったく違う異質の側面で、人間性に対してものすごい影響を持つのです。インターネットがどんどん普及し、これが本格的に使われたら、人間に対する精神的な影響力が絶大なことは確かなので、どう対処したらいいかというのは極めて深刻です。脳型コンピュータの研究開発を通し、ヒトとは何かというのを知ると同時に、ヒトの情報をそのまま扱え、ヒトの尊敬や精神性を高める道具としての脳型コンピュータの開発に結びつくという夢を追いつづけたいと思っています。

松沢　すばらしいことですね。期待しています。

松本　ありがとうございます。科学技術は今、大きな変革をせまられている、と思います。自然のなかの平衡系の示す現象についての論理的・体系的な哲学観の確立をめざしてきた科学と、その科学に立脚し「人に良かれ」と考えての技術開発は、ヒトにとって「あれば便利」というものを追求してきましたよね。これによって、確かにわれわれは生活上・社会上では多くの恩恵を蒙ってきました。しかし、一方において人はこのために、ヒトとして「なくてはならない」ものを失ってきている。それは、ヒトやヒトをとりまく自然環境の大部分が非平衡系であり、平衡系の示す自然哲学(科学)観と根本的に異質であることに依っています。従って、非平衡系科学を整備し、その上に立った技術開発を進めることが、科学技術の変革の要点であるべきだろうと思うのです。

生き物は典型的な非平衡システムです。従って、生き物を従来の科学のように分析的に研究するだけでなく、生き物に対する新しい視点からの科学を整備し、「生きる」とは何かを自然科学のなかで理解していくことが大切だと思います。

松沢　同感です。

単行本版へのあとがき

この本では、チンパンジー学と脳型コンピュータ開発をめざした脳研究という一見異質な研究努力のなかから、「人とは何か」、「心の理解」への到達を共通の目標にした様相を紹介してきた。そしてこのことは、人文・社会科学や哲学・宗教などが追求してきた課題にもようやく自然科学がアプローチしようとしていることを意味している。人のなかに哲学や宗教が精神的支柱として必要であるなら、人がこれらを必要とする必然的な何かを科学が解明できないとしたら、人を含めた自然理解のための科学としては未完成で不十分であろう。新しい科学は、こうした点をも包含した自然哲学観を打ち立てるものでなくてはならない。人や自然環境に対する新しい科学に立脚した技術によって、技術が人や自然環境と整合し、新しい科学技術の時代の幕をあけることになるだろう。今はまさに、「科学の終わり、そして始まり」である、と言えるだろう。

松本　元

（一九九六年四月二八、二九日収録）

岩波現代文庫版へのあとがき

ぼくたちはこうして学者になった。いつ、なぜ、どのようにして、二人の少年は学問の道へと導かれたのか。脳型コンピュータを作る。チンパンジーの心の研究をする。そうした初めの一歩、新しい学問のはじまりを紹介し、その過程で学んだことをお伝えしたい。

松本元さんとの対談の記録である。

一九九六年四月の末に、東京で、二日間にわたって対談した。皇居を見下ろせるビルの階上で、新緑がまぶしかったのをおぼえている。松本さんは、生い立ちや、学生時代のこと、イカの飼育に熱中したこと、そしてプログラムで命令されて動くのではなくて脳のように自律的に動くコンピュータを作ることなどを熱く語ってくださった。

松本さん(一九四〇・一一・一四〜二〇〇三・三・九)は東大で物理学を修めて脳科学者になった。わたしはちょうど一〇歳下である。京大で心理学を学んで霊長類学者になった。

松本さんが五五歳、わたしが四五歳のときである。

対談の本を作ろう、と呼びかけたのは松本さんだと思う。四半世紀近く前のことなので経緯はもう忘れてしまったが、わが身におぼえはない。おそらく松本さんから声がかかった。出版社も場所も何もかもお膳立てされていて、二日間だけ対談に割くという趣向だ。四月二八日と二九日というのも合点がいく。カレンダーを調べてみると日曜日と祝日だからだ。こちらはチンパンジーという生き物を相手にしての研究なので、平日はすべてチンパンジーとともに過ごすような生活を送っていた。

「対談しませんか」

「日曜・祝日ならいいですよ」

というようなやりとりがあったのだろう。

対談の記録に双方が推敲を加えて、『脳型コンピュータとチンパンジー学』と題した一書として出版されたのは翌一九九七年の一月一三日である。

じつはこの対談には双子の姉妹のようなテレビ番組がある。一九九八年六月二〇日にNHK教育テレビの『未来潮流』というシリーズ番組枠で放映された「チンパンジー学vs脳型コンピュータ」と題した回だ。夜の九時から一〇時一四分までなので、けっこう放映時間の長い番組だった。題名がほぼ同じことからおわかりのように、二人の本をテレビ番組にして、視聴者に生き生きとした研究の現場をご覧いただくという趣向だ。題名の順番を入れ替えて、わたしのほうからお誘いしたと記憶している。

「テレビの番組を作りませんか」

「いいですよ、いつでもどうぞ」

というようなやりとりがあったのだと思う。

ご快諾いただいて、撮影のために相互に相手の研究場所を訪れた。松本さんは東大の物理学教室の助手のあと、永らく電子技術総合研究所（現、産業技術総合研究所）に勤めていたが、一九九七年から理化学研究所脳科学総合研究センターに移られたところだった。松本さんの仕事場は、埼玉県和光市にある理化学研究所の一角だった。わたしにとってはたぶん最初の理化学研究所訪問だったと記憶している。お部屋に入った途端、両手を広げたほどの幅のある大きな額が目に入り、

「脳道」

と、大書されていた。

「のうどう？」

何のことですかとたずねたら「ブレインウェイ」の日本語訳だという。

それも何のことやらわからない。そんな英語があったかな？

松本さんの肩書きは、「理化学研究所・ブレインウェイグループ・ディレクター」となっていた。要は、ふつうなら脳研究とか脳科学というところを、脳道と呼んでいるのだ。

そういえば、『論語』の一節に、「子曰、朝聞道、夕死可矣」（子のたまわく、あしたにみ

ちを聞かば、ゆうべに死すとも可なり)というのがあった。孔子さまがおっしゃるには、朝に道(真理)を聞いて納得したならば、その晩に死んでも心残りはない、くらいの意味だろう。道すなわち学問をつきつめて到る真理が重要だといっている。脳の真理を究める、すなわち「脳道」、ということなのかなと思った。

脳道には、剣道や柔道と重なる語感がある。剣術といわずに剣道という。柔術といわずに柔道という。そういえばお茶をたてる所作も茶道という。要は、技術の習得ではなくて、その道を究めるというところに力点を置いた命名なのだろう。

松本さんの人となりを重ね合わせてみると、「道」という名づけ方がぴったりだ。まっすぐ前に突き進んでいく。ひょっとして行き着かないかもしれないが、学問の極北と思い定めた方向へと、ひたすらまっしぐらに歩いていく。目の前に何か道があるわけではない。無人の荒野をひたすら前へ前へと歩いていく。立ち止まって、ふと振り返ってみれば、草原に一筋の踏み跡が残っている。

本書を文庫化するにあたって読み返してみた。

行間から、松本さんの声音が立ちのぼる。対談の合間に見下ろした木々の緑や空の蒼さが思い出される。温顔で、いつも微笑みを絶やさない方だった。でも話すときに、まっすぐじっとこちらの眼を見つめる。

そういえば本ができたときに、カバーの折り返し部分に掲げられた二人の写真を見比べてちょっと驚いた。たまたまポーズが同じということもあるだろうが、二人がとてもよく似ている。一〇歳の違いがあるから多少はわたしのほうが若いが、目元も鼻も口も似ていて、そっくりだ。

もうひとつ自分の顔写真で目を惹くのが髪の毛のごわごわ感である。動物を研究する者は、対象動物に似てくるといわれるが、初めて自分がチンパンジーに似ているなと思った。研究を続けても全然チンパンジーに似てこないので、多少がっかりしていたのだが、ようやくすこし似てきたことをうれしく思った。

単行本版刊行当時の松本さん(左)と筆者

さて、本書が岩波現代文庫に収録されることになった。それをうれしく誇らしく思う。松本さんもきっと同感だろう。とはいえずいぶん昔の本が、今ふたたび人々に読まれることにどういう価値があるだろうか。読み返し、自問自答してみた。三つの点で、本書はユニークだと思う。

第一に、それぞれが、互いの生い立ちから学生時代を詳しく述べている。

松本さんは東京のご出身で、わたしも物心ついてからは東京の下町で育ったので、当時の子供たちの暮らしぶりが共通してわかる。松本さんはベーゴマが得意な少年だったそうだ。百戦百勝の術を編み出している。わたしはといえば、二人の兄のあとについて伝書鳩の世話をさせてもらうのがうれしかった。東京の空を、伝書鳩がくるりくるりとまわって、ときによその家の鳩を連れて帰ってきたりする。

松本さんは高校生のときに肺を病んで、一年半の療養生活を余儀なくされた。その入院先の患者でもある大学の先生たちとの出会いが少年の心に火をともした。病床でひたすら勉学にいそしむ。その病気の息子を支えるおかあさまの姿も温かくてすがすがしい。

一方、わたしの両親は小学校の教師だった。東京の下町のアパートに一家五人が肩を寄せあって暮らしていた。その両親や兄たちとの暮らしの日々から自然に身についたものがあったと思う。

松本さんは一九六〇年日米安保の世代である。わたしは一九七〇年日米安保の世代である。松本さんはデモに参加したが、やはりこれは違うなということで勉学に戻った。わたしは東大の入試がなかったので京大に行った。デモに参加しなかったわけではないが、山登りのほうに熱中していた。

いつの時代にも、だれのばあいでも、記憶に残る幼い日の思い出があるだろう。人格を形成していく学びの時代がある。松本さんとわたしのばあいは、それぞれ学問を志して、学者になった。『ぼくたちはこうして学者になった』という表題のとおりで、いつ、なにが、どのようにして、少年を学者へと導いていったかがわかる。もし学問を志すなら、本書はきっとすこしは役に立つのではないだろうか。

学者になるちょっとした秘訣を、この機会に述べておこう。もちろん人それぞれだろうが、松本さんとわたしに共通するものを発見したからだ。それは「行動記録」である。日記といえばその一種なのだが、一日のうち何時から何時まで何をしていたかをほぼ正確に記録している。理化学研究所におうかがいしたとき、どういうきっかけだったか、双方が行動記録のノートを見せ合って、あまりに発想も行為も似ているので互いに驚いた。

ノートを開いた二ページを使う。一日が横一行で表現されている。左端が朝で、一日の時刻にそって活動が書き込まれている。翌日は次の行だ。今回の出版にあたって、編集部からお願いして松本さんの当時のノートをご遺族に見せていただいた。四月のその日に、わたしとの対談が書き込まれている。

わたしのばあいも同じで見開きの二ページを使う。一日が横一行で表現されている。左端が朝六時で、一日の時刻にそって活動を色分けしてあるところがユニークだ。四色ボールペンを使って、赤は勉強、青は人との面談、緑は休息、黒は睡眠とおおまかな四つの行動区分である。

松本さんもわたしも市販のどこにでもあるノートを使っていたのも共通点だ。たまたまだろうが同じ会社だった。当時のわたしはＡ４判の大きなノートを使っていたが、二〇〇四年からのこの十数年間は、Ｂ６判の小型のノートになっている。ちょうどポケットに入る大きさで持ち歩きやすい。どこにでも売っているので買い置きの必要がない。価格が安い。その三つの理由である。

これは予定表ではない。実際におこなった行動を記録する。わたしのばあいには、次のページを開くと、一日の行動を一行の文章で記録してある。一日一行日記だ。ポイントは、行動学でいうところの「活動時間配分」にある。行動を色分けして示す。つまりぱっと見た一瞬で全体がわかる。このノートは二一行なので、二一日間つまり三週間分の自分の行動をひと目で見て取れる。このノートを縦に並べていくと、さらにずーっと長い期間にわたって自分の行動の変化を読み取ることができる。

今はだいたい夜の二三時に寝て、朝の六時に起きて、犬山の霊長類研究所にいるときは朝の八時四五分からチンパンジーと一緒に過ごしている。一定のペースで、できるだけ単調な日々を繰り返すことを日課としてきた。とはいえ、しごとが立て込んで、真夜中に起きだして執筆しているようすも見て取れる。

活動時間配分を書き残す要点は三つあるだろう。少しずつで良いから毎日する。その日々の努力を時間配分として記録に残す。そして記録をもとに自分で自分をほめることだ。勉強でも、しごとでも、練習でも、ダイエットでも同じで、まずは自分の行動を客観的に記録することがたいせつだろう。

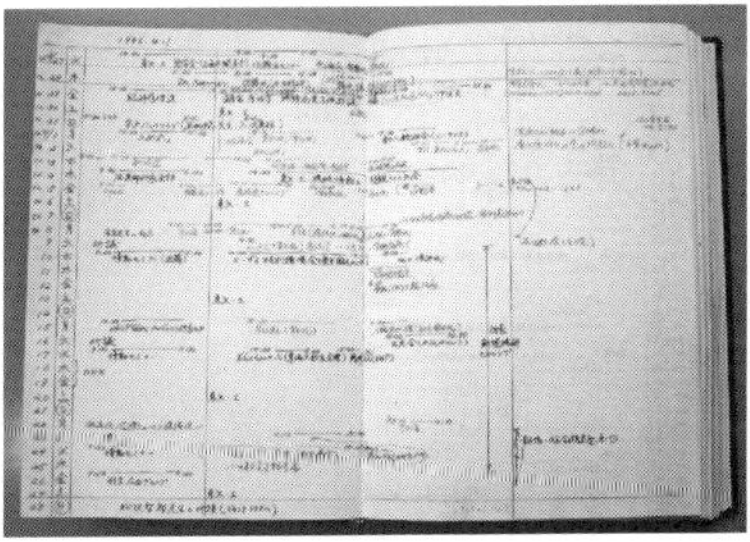

松本さんの行動記録ノート

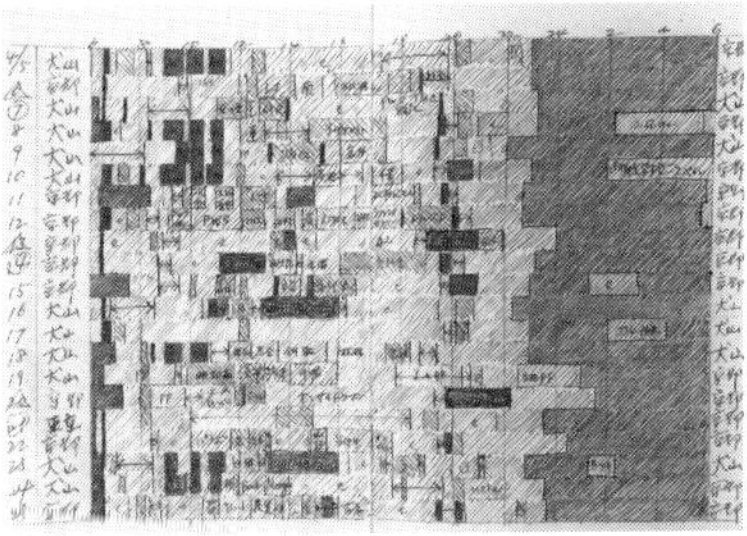

筆者の行動記録ノート

だれでも自分のことは自分がいちばんよく知っていると思いがちだが、じつはそうではない。自分がいちばん自分に甘いのではないだろうか。まだ他人の評価のほうが自分を正しく見ていると思う。書き残された活動時間配分は、それこそがわたしそのものなのだと思う。

一日が二四時間だということはすべての人に等しく与えられている。それをどう使うかはその人しだいだ。ただし、将来もし学者をめざすなら、日々をできるだけ単調に整え、健やかな日々を送るなかで、長きにわたる努力をするのが有効だと思う。そのために行動記録をつけて、わが身を振り返る。少なくともぼくたちはそうした人生を送ってきた。

本書のユニークな第二の点は、学問のなりたちを示していることだ。

「脳型コンピュータ」というものが当時あったわけではない。「チンパンジー学」というのはその名前さえなかった。

プログラムにしたがって動くのではない、脳のように自律的に動くコンピュータを作ることで脳のふるまいを理解しようと松本さんは考えた。わたしは、チンパンジーの心の研究をするためにアフリカまで行って野生の暮らしを知るところから始めた。そうした学問の揺籃期のようすが生き生きと語られている。

脳を構成しているのは神経細胞である。松本さんは、その神経細胞のはたらきから理解しようとした。そのために巨大な神経細胞をもつヤリイカの飼育から始めたというところがユニークだ。ヤリイカを飼育するのは至難のわざだった。一九七三年にノーベル賞を受賞したばかりのコンラート・ローレンツ博士がそれを聞きつけて、来日時にわざわざ松本さんのイカの水槽を見に訪れたというからすごい。

わたしが訪れたころは、海馬の神経細胞における情報伝達のようすを研究しておられた。海馬の表面に、一万六〇〇〇点の小さな光の素子をおいて、神経細胞の電気活動がその表面をどのように伝播するかを観察する。活動が広がるようすが全体としてひと目でわかる。すばらしい着想だと思った。

そして、脳型コンピュータである。今でこそ、ＡＩ（人工知能）ということばが巷にあふれるようになった。コンピュータの世界ではディープラーニングとか教師なし学習といった用語が生み出された。要は、人が作ったプログラムどおりに作動するのではない。松本さんが構想した自律的なコンピュータはもはや現実のものになりつつある。

ただ四半世紀近く前に、「脳型コンピュータ」ということばでそうした開発目標を表現した松本さんのパイオニアワーク（初登頂の精神）は、いつまでも色あせないだろう。脳の研究に、脳そのものを調べる生理学的研究がある一方で、脳のはたらきをもったコンピュータを実際に機械として作る。そうしたいわゆる構成論的アプローチもまた脳の研究にほかならないことを示す、さきがけとなった試みだからである。

わたしのばあい、「アイ・プロジェクト」と呼ばれるチンパンジーの心の研究を始めたのは一九七七年一一月一〇日である。当時一歳のチンパンジーのアイが霊長類研究所に来た。それからの日々のなかで、彼女は図形の文字をおぼえ、漢字やアラビア数字を識別し、さまざまな知性の片鱗をわたしたちに見せてくれた。その一方で、アフリカの野生チンパンジーを、一九八六年から毎年観察することを始めた。石や種を実験者が用意してチンパンジーの到来を待つ「野外実験」という新たな手法で、アブラヤシの堅い種を叩き割って中の核を取り出して食べるという彼らの文化的伝統を明らかにした。

本書の対談は、認知実験の約二〇年間、野外研究の約一〇年間の成果をもとに、その二つのアプローチを総合したチンパンジー研究を構想していたまさにそのときだったといえる。チンパンジー学という新しい学問を作る過程の意気込みがことばにあふれている。

本書の対談のあとも研究は続いた。二〇〇〇年、アイが二三歳半のときに息子のアユムを産んだ。アイとアユムとわたし、母と子と研究者、そのトリオで日々過ごすなかからチンパンジーの心の発達を探る、「参与観察」による新たな研究が始まった。チンパンジー流の「教えない教育・見習う学習」と呼べる観察学習の実態を、野外で観察しつつ実験室で実証する試みだ。そうした新しい研究の展開を予感させる、そのいわば学問の夜明け前のようすを本書から読み取ることができるだろう。

　松本さんの脳型コンピュータとわたしのチンパンジー学に共通するのは、まだだれも見ていないものを見る、まだだれも考えていないことを考える、まだだれも行っていない場所に行く、ということだろう。いわば、ナンバーワンではなくてオンリーワンの道である。

　ほかのだれもしていないから、ほかと比べる必要はない。幼いころに地面に棒でぐるりと土俵を描いてとった相撲は、その土俵のなかで競い、勝ち負けがあった。しかし、

霊長類研究所における認知実験(上段)，アフリカでの野外実験(中段)，チンパンジー母子の参与観察(下段)

いわば土俵そのものを自分が見つけた場所に独自に描いている。そこに他者と競う勝ち負けはない。もちろん、ひとり相撲ともいえるし、妄想の世界だともいえるだろう。

わたしでいえば、この対談ののちに研究成果を『進化の隣人 ヒトとチンパンジー』(二〇〇二、岩波書店)、『おかあさんになったアイ』(二〇〇六、講談社)、『想像するちから』(二〇一一、岩波書店)、『分かちあう心の進化』(二〇一八、岩波書店)として出版した。対談で思い描いたチンパンジー学がどのように結実したのかを、そうした書物を通じて味わっていただければ幸いである。

本書のユニークな第三の点は、学問をして何を学んだかを伝えようとしている点だ。伝えようとしているのであって、ほんとうに伝わっているかどうかは正直あやしい。ただしはっきりと言えることは、脳型コンピュータを作りたい、で本書が終わっているわけではない、ということだ。チンパンジー学を打ち立てます、と言っているのでもない。そういう学問の過程で学んだことを、理解できた人間の本性を、なんとか人々に伝えようとしている。

本書でもそうだが、松本さんは「愛」ということばをよく口にされた。わたしは、正直に言って最初は、脳の研究者が「愛」と口走ることに違和感や抵抗があった。実際、ご一緒したシンポジウムの講演で、脳の海馬の神経細胞の活動の話をしていたはずなのに、講演の後段で突然「愛」の話になる。飛躍が過ぎるというのが素朴な実感だった。

松本さんの到達した理解はこういうものだ。人間は集団として生きる動物であり、他の人と関わることによってのみ生きることができる。そのためわれわれ人間には、人との関わりを求めようとする「関係欲求」が、遺伝的に生まれつきそなわっている。「愛」とはこうした関係欲求における価値表現である」という。

そう言われてもまだ釈然としないが、「愛」とは何か、なぜ「愛」がたいせつなのかを一生懸命語ろうとしていることだけはよくわかる。松本元の著作として『愛は脳を活性化する』（岩波科学ライブラリー）がある。シリーズ通算四二冊目の本だ。編集部によると、いまも版を重ねていてすでに二四刷になるという。三〇〇冊に近づこうという岩波科学ライブラリーのシリーズの中で、これは三本の指に入るロングセラーだそうだ。

たぶん松本さんは、脳の研究、そして脳型コンピュータの開発研究の過程で、愛こそが人間の本性を理解するキイワードだと確信したのだろう。後年、わたしも同じシリーズの二七四冊目として、『分かちあう心の進化』を書いた。『想像するちから』という前著を受けて、想像するちからは何のためにあるか、どうして人間で進化してきたのかを考察した。

結論からいえば、想像するちからは、人間が互いに分かちあい、思いやり、慈しむ、そのためにあると考えた。

人間は、互いに情報を共有するように、互いに経験を共有するように進化してきた。

また食物や経験を共有することで、互いが互いを支えるように進化してきた。

人間には想像するちからがある。たとえ自分自身は直接に経験しなくても、自分の親しい人の口から伝えられる物語に耳を澄ます。物語をするのが人間だ。そして聞いた物語を、わがこととして、他者の経験を自分の血肉にする。あなたの痛みがわたしの痛みになる。あなたの喜びがわたしの喜びになる。そして、心に愛が生まれた。

愛するということは、互いに分かちあい、助けあい、敬い、慈しむことだ。親子でも、きょうだいでも、友だちでも、恋人でも、夫婦でも、それは変わらない。チンパンジーの住む「いま、ここ、わたし」の世界から始まって、人間は未来や過去に思いをはせ、あなたに、そして遠くで苦しんでいる人にまで心を寄せる。想像するちからを駆使して、相手の心を理解し、心に愛を育むように人間は進化してきた。

「愛」ということばを、わたしもようやく使うようになった。たとえていうと、無人の荒野だと思ってチンパンジーの心の研究を続けてきたが、ふと足元に目をやると、自分の前にかすかに踏み跡があるではないか。草を踏んで、まっすぐ地平線の向こうまで続く一本の道がある。それは、わたしが到達するずっと前に松本さんが歩いた跡だった。

本書に記述されている松本さんの発言を拾うと、二人が最初に出会ったのは一九八九年一一月二八日から三〇日まで開催された日本心理学会第五三回大会(筑波大学)だとわかる。したがって、松本さんが四九歳ちょうど。わたしが三九歳ということになる。そこで知遇を得て、本書の対談をご一緒し、一緒にNHK教育テレビの番組を作り、互いの研究室を訪れた。松本さんが六二歳でお亡くなりになるまででいえば、一三年あまりという長きにわたる。しかし、思い返してみて、そう何度もお会いしたということはない。たぶん片手にはあまるが両手にはならない回数だろう。その数少ない出会いの一回一回を、そしてその一瞬の場面を生き生きと明瞭におぼえている。

わたしだけではない。きっと多くの友人や同僚や後輩のかたがたの胸に、松本さんはくっきりと足跡を残しておられるのだと思う。当初は没後一〇年を目途に企画した本文庫版がかくも遅れたのは、わたしの日ごろの怠惰のせいである。しかし、松本さんを通じて得た体験や物語を、しっかりと自分のものにするのにそれだけの時間が必要だったのかもしれない。本書を契機に、「松本元」というその人となりの一部を、次の世代の若い人々の心に届けられれば望外の喜びである。

本文庫版の作成にあたって、岩波書店編集部の濱門麻美子さんのお世話になった。また松本元さんの令夫人である松本かをるさんのご厚意でノートの一部の掲載許可をいただいた。ここに記して、深く感謝の意をお伝えしたい。

二〇一九年七月一二日、京都にて

松沢哲郎

本書は一九九七年一月ジャストシステムより『脳型コンピュータとチンパンジー学』として刊行された。岩波現代文庫に収録するにあたって表現を改めたところがある。

ぼくたちはこうして学者になった
—脳・チンパンジー・人間

2019年10月16日　第1刷発行

著　者　松本《まつもと》 元《げん》　松沢哲郎《まつざわてつろう》

発行者　岡本 厚

発行所　株式会社 岩波書店
〒101-8002 東京都千代田区一ツ橋 2-5-5
案内 03-5210-4000　営業部 03-5210-4111
https://www.iwanami.co.jp/

印刷・精興社　製本・中永製本

ISBN 978-4-00-603314-9　Printed in Japan

岩波現代文庫の発足に際して

新しい世紀が目前に迫っている。しかし二〇世紀は、戦争、貧困、差別と抑圧、民族間の憎悪等に対して本質的な解決策を見いだすことができなかったばかりか、文明の名による自然破壊は人類の存続を脅かすまでに拡大した。一方、第二次大戦後より半世紀余の間、ひたすら追い求めてきた物質的豊かさが必ずしも真の幸福に直結せず、むしろ社会のありかたを歪め、人間精神の荒廃をもたらすという逆説を、われわれは人類史上はじめて痛切に体験した。

それゆえ先人たちが第二次世界大戦後の諸問題といかに取り組み、思考し、解決を模索したかの軌跡を読みとくことは、今日の緊急の課題であるにとどまらず、将来にわたって必須の知的営為となるはずである。幸いわれわれの前には、この時代の様ざまな葛藤から生まれた、人文、社会、自然諸科学をはじめ、文学作品、ヒューマン・ドキュメントにいたる広範な分野のすぐれた成果の蓄積が存在する。

岩波現代文庫は、これらの学問的、文芸的な達成を、日本人の思索に切実な影響を与えた諸外国の著作とともに、厳選して収録し、次代に手渡していこうという目的をもって発刊される。いまや、次々に生起する大小の悲喜劇に対してわれわれは傍観者であることは許されない。一人ひとりが生活と思想を再構築すべき時である。

岩波現代文庫は、戦後日本人の知的自叙伝ともいうべき書物群であり、現状に甘んずることなく困難な事態に正対して、持続的に思考し、未来を拓こうとする同時代人の糧となるであろう。

（二〇〇〇年一月）

S297
フードバンクという挑戦
―貧困と飽食のあいだで―
大原悦子

食べられるのに捨てられてゆく大量の食品。一方に、空腹に苦しむ人びと。両者をつなぐフードバンクの活動の、これまでとこれからを見つめる。

S298
いのちの旅
「水俣学」への軌跡
原田正純

水俣病公式確認から六〇年。人類の負の遺産「水俣」を将来に活かすべく水俣学を提唱した著者が、様々な出会いの中に見出した希望の原点とは。〈解説〉花田昌宣

S299
紙の建築 行動する
―建築家は社会のために何ができるか―
坂茂

地震や水害が起きるたび、世界中の被災者のもとへ駆けつける建築家が、命を守る建築の誕生とその人道的な実践を語る。カラー写真多数。

S300
犬、そして猫が生きる力をくれた
―介助犬と人びとの新しい物語―
大塚敦子

保護された犬を受刑者が介助犬に育てるという米国での画期的な試みが始まって三〇年。保護猫が刑務所で受刑者と暮らし始めたこと、元受刑者のその後も活写する。

S301
沖縄 若夏の記憶
大石芳野

戦争や基地の悲劇を背負いながらも、豊かな風土に寄り添い独自の文化を育んできた沖縄。その魅力を撮りつづけてきた著者の、珠玉のフォトエッセイ。カラー写真多数。

S302
機会不平等
斎藤貴男

機会すら平等に与えられない〝新たな階級社会の現出〟を粘り強い取材で明らかにした衝撃の著作。最新事情をめぐる新章と、森永卓郎氏との対談を増補。

S303
私の沖縄現代史
―米軍支配時代を日本《ヤマト》で生きて―
新崎盛暉

敗戦から返還に至るまでの沖縄と日本の激動の同時代史を、自らの歩みと重ねて描く。日本〈ヤマト〉で「沖縄を生きた」半生の回顧録。岩波現代文庫オリジナル版。

S304
私の生きた証はどこにあるのか
―大人のための人生論―
H.S.クシュナー
松宮克昌訳

私の人生にはどんな意味があったのか? 人生の後半を迎え、空虚感に襲われる人々に旧約聖書の言葉などを引用し、悩みの解決法を提示。岩波現代文庫オリジナル版。

S305
戦後日本のジャズ文化
―映画・文学・アングラ―
マイク・モラスキー

占領軍とともに入ってきたジャズは、アメリカそのものだった! 映画、文学作品等の中のジャズを通して、戦後日本社会を読み解く。

S306
村山富市回顧録
薬師寺克行編

戦後五五年体制の一翼を担っていた日本社会党は、その誕生から常に抗争を内部にはらんでいた。その最後に立ち会った元首相が見たものは。

2019.10

S307
大逆事件
―死と生の群像―
田中伸尚

天皇制国家が生み出した最大の思想弾圧「大逆事件」。巻き込まれた人々の死と生を描き出し、近代史の暗部を現代に照らし出す。〈解説〉田中優子

S308
「どんぐりの家」のデッサン
漫画で障害者を描く
山本おさむ

かつて障害者を漫画で描くことはタブーだった。漫画家としての著者の経験から考えてきた、障害者を取り巻く状況を、創作過程の試行錯誤を交え、率直に語る。

S309
鎖塚
―自由民権と囚人労働の記録―
小池喜孝

北海道開拓のため無残な死を強いられた囚人たちの墓、鎖塚。犠牲者は誰か。なぜその地で死んだのか。日本近代の暗部をあばく迫力のドキュメント。〈解説〉色川大吉

S310
聞き書 野中広務回顧録
御厨貴
牧原出　編

二〇一八年一月に亡くなった、平成の政治をリードした野中広務氏が残したメッセージ。五五年体制が崩れていくときに自民党の中で野中氏が見ていたものは。〈解説〉中島岳志

S311
不敗のドキュメンタリー
―水俣を撮りつづけて―
土本典昭

『水俣―患者さんとその世界―』『医学としての水俣病』『不知火海』などの名作映画の作り手の思想と仕事が、精選した文章群から甦る。〈解説〉栗原　彬

2019.10

S312
増補 隔離 ―故郷を追われたハンセン病者たち―
徳永進
らい予防法が廃止され、国の法的責任が明らかになった後も、ハンセン病隔離政策が終わり解決したわけではなかった。回復者たちの現在の声をも伝える増補版。〈解説〉宮坂道夫

S313
沖縄の歩み
国場幸太郎
新川明
鹿野政直 編
米軍占領下の沖縄で抵抗運動に献身した著者が、復帰直後に若い世代に向けてやさしく説き明かした沖縄通史。幻の名著がいま蘇る。〈解説〉新川明・鹿野政直

S314
ぼくたちはこうして学者になった ―脳・チンパンジー・人間―
松本元
松沢哲郎
「人間とは何か」を知ろうと、それぞれ新たな学問を切り拓いてきた二人は、どのような生い立ちや出会いを経て、何を学んだのか。

S315
ニクソンのアメリカ ―アメリカ第一主義の起源―
松尾文夫
白人中産層に徹底的に迎合する内政と、中国との和解を果たした外交。ニクソンのしたたかな論理に迫った名著を再編集した決定版。〈解説〉西山隆行